T0216312

Wissenschaftliche Reihe
Fahrzeugtechnik Universität Stuttgart

Reihe herausgegeben von
M. Bargende, Stuttgart, Deutschland
H.-C. Reuss, Stuttgart, Deutschland
J. Wiedemann, Stuttgart, Deutschland

Das Institut für Verbrennungsmotoren und Kraftfahrwesen (IVK) an der Universität Stuttgart erforscht, entwickelt, appliziert und erprobt, in enger Zusammenarbeit mit der Industrie, Elemente bzw. Technologien aus dem Bereich moderner Fahrzeugkonzepte. Das Institut gliedert sich in die drei Bereiche Kraftfahrwesen, Fahrzeugantriebe und Kraftfahrzeug-Mechatronik. Aufgabe dieser Bereiche ist die Ausarbeitung des Themengebietes im Prüfstandsbetrieb, in Theorie und Simulation. Schwerpunkte des Kraftfahrwesens sind hierbei die Aerodynamik, Akustik (NVH), Fahrdynamik und Fahrermodellierung, Leichtbau, Sicherheit, Kraftübertragung sowie Energie und Thermomanagement – auch in Verbindung mit hybriden und batterieelektrischen Fahrzeugkonzepten. Der Bereich Fahrzeugantriebe widmet sich den Themen Brennverfahrensentwicklung einschließlich Regelungs- und Steuerungskonzeptionen bei zugleich minimierten Emissionen, komplexe Abgasnachbehandlung, Aufladesysteme und -strategien, Hybridsysteme und Betriebsstrategien sowie mechanisch-akustischen Fragestellungen. Themen der Kraftfahrzeug-Mechatronik sind die Antriebsstrangregelung/Hybride, Elektromobilität, Bordnetz und Energiemanagement, Funktions- und Softwareentwicklung sowie Test und Diagnose. Die Erfüllung dieser Aufgaben wird prüfstandsseitig neben vielem anderen unterstützt durch 19 Motorenprüfstände, zwei Rollenprüfstände, einen 1:1-Fahrsimulator, einen Antriebsstrangprüfstand, einen Thermowindkanal sowie einen 1:1-Aeroakustikwindkanal. Die wissenschaftliche Reihe „Fahrzeugtechnik Universität Stuttgart" präsentiert über die am Institut entstandenen Promotionen die hervorragenden Arbeitsergebnisse der Forschungstätigkeiten am IVK.

Reihe herausgegeben von

Prof. Dr.-Ing. Michael Bargende
Lehrstuhl Fahrzeugantriebe
Institut für Verbrennungsmotoren und
Kraftfahrwesen, Universität Stuttgart
Stuttgart, Deutschland

Prof. Dr.-Ing. Jochen Wiedemann
Lehrstuhl Kraftfahrwesen
Institut für Verbrennungsmotoren und
Kraftfahrwesen, Universität Stuttgart
Stuttgart, Deutschland

Prof. Dr.-Ing. Hans-Christian Reuss
Lehrstuhl Kraftfahrzeugmechatronik
Institut für Verbrennungsmotoren und
Kraftfahrwesen, Universität Stuttgart
Stuttgart, Deutschland

Weitere Bände in der Reihe http://www.springer.com/series/13535

David Bauer

Verlustanalyse bei elektrischen Maschinen für Elektro- und Hybridfahrzeuge zur Weiterverarbeitung in thermischen Netzwerkmodellen

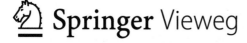 Springer Vieweg

David Bauer
Lehrstuhl für Kraftfahrzeugmechatronik
Universität Stuttgart/IVK
Stuttgart, Deutschland

Zugl.: Dissertation Universität Stuttgart, 2018

D93

ISSN 2567-0042   ISSN 2567-0352   (electronic)
Wissenschaftliche Reihe Fahrzeugtechnik Universität Stuttgart
ISBN 978-3-658-24271-8   ISBN 978-3-658-24272-5   (eBook)
https://doi.org/10.1007/978-3-658-24272-5

Die Deutsche Nationalbibliothek verzeichnet diese Publikation in der Deutschen National-
bibliografie; detaillierte bibliografische Daten sind im Internet über http://dnb.d-nb.de abrufbar.

Springer Vieweg ist ein Imprint der eingetragenen Gesellschaft Springer Fachmedien Wiesbaden
GmbH und ist ein Teil von Springer Nature
Die Anschrift der Gesellschaft ist: Abraham-Lincoln-Str. 46, 65189 Wiesbaden, Germany

Vorwort

Die vorliegende Arbeit entstand während meiner Zeit als Teilnehmer des kooperativen Promotionskollegs Hybrid. Hierdurch war es mir möglich, sowohl als wissenschaftlicher Mitarbeiter an der Hochschule Esslingen als auch als Doktorand innerhalb der Robert Bosch GmbH, wertvolle Erfahrungen zu sammeln. An dieser Stelle möchte ich verschiedenen Personen Dank sagen, die dazu beigetragen haben, dass die Arbeit in dieser Form möglich war.

Besonderer Dank gilt Herrn Prof. Hans-Christian Reuss und Herrn Prof. Eugen Nolle, die mir als meine betreuenden Professoren immer zur Seite standen und mich in jeder Hinsicht gefördert haben. Herr Prof. Nolle hatte immer und überall ein offenes Ohr. Unsere sehr konstruktiven Gespräche werden mir immer in Erinnerung bleiben. Des Weiteren danke ich Herrn Prof. Dieter Gerling gleichermaßen für die freundliche Übernahme des Mitberichts.

Auch danke ich allen Mitarbeitern der Hochschule Esslingen rund um das Labor Elektrische Antriebe und Anlagen, sowie Herrn Prof. Rainer Würslin für die Unterstützung.

Des Weiteren sind Herr Dr. Stephan Usbeck und Herr Dr. Marcus Alexander hervorzuheben. Sie ermöglichten mir bei Bosch eine hervorragende Arbeitsumgebung und standen mir immer und überall zur Seite.

Großer Dank gilt Herrn Daniel Kühbacher, der als guter Banknachbar, Freund und Bezugsperson in jeder Situation jederzeit zu überzeugen wusste. Lob auch dafür, dass er es geschafft hat, mich in die Welt der thermischen Simulation einzuführen. Des Weiteren möchte ich allen Mitarbeitern bei Bosch danken, die zum Entstehen dieser Arbeit beigetragen haben. Besonders sind hier Harald Bodendorfer, Oliver Eckert, Benjamin Gruler, Patrick Heuser, Christoph Kubala, Tino Merkel und Manuel Warwel zu nennen. Großer Dank gilt auch Marco Degner, Yavuz Gürlek, Matthias Häcker, Paul Mamuschkin, David Morisco, Sabin Sathyan und Shaohan Wang, welche mit ihren durchweg sehr guten studentischen Arbeiten zu dieser Arbeit beigetragen haben.

Dank gebührt den Initiatoren des Promotionskollegs Hybrid und dem Ministerium für Wissenschaft und Kunst für dessen Förderung. Zudem danke ich den Firmen Powersys und JSOL für den Support rund um das Simulationstool JMAG. Daneben danke ich der Firma Voestalpine rund um Herrn Dr. Sonnleitner für die sehr gute Zusammenarbeit und die Bereitstellung hochwertiger Messreihen. Des Weiteren möchte ich Herrn Hubert Fußhoeller für die Unterstützung rund um die Erstellung der druckfähigen Version danken.

Am Ende möchte ich meiner Frau Carina, meiner Tochter Hanna, meinen Eltern, meiner Schwester und auch meiner ganzen Familie für ihre Unterstützung danken. Ohne Euch und ohne Eure Rückendeckung wäre diese Arbeit nicht möglich gewesen.

Asperg   David Bauer

Inhaltsverzeichnis

Abbildungsverzeichnis

Tabellenverzeichnis

Abkürzungsverzeichnis

2D	2-Dimensional
3D	3-Dimensional
AC	Alternating Current (dt.: Wechselstrom)
ASM	Asynchronmaschine
BP	Betriebspunkt
CFD	Computational Fluid Dynamics (dt.: Numerische Strömungsmechanik)
DC	Direct Current (dt.: Gleichstrom)
E-Blech	Elektroblech
EL	Einzelne Lamelle
EM	Elektrische Maschine
FE	Finite-Elemente
FEM	Finite-Elemente-Methode
FVM	Finite-Volumen-Methode
KS	Kurzschluss
KW	Kühlwasser
LE	Leistungselektronik
LL	Leerlauf
MS	Messstelle
NEFZ	Neuer Europäischer Fahrzyklus

PM	Permanentmagnet
PSM	Permanentmagneterregte Synchronmaschine
RB	Randbedingung
Sim	Simulation
SK	Stanzkante
SVPWM	Space Vector Pulse Width Modulation (dt.: Raumzeigermodulation)
WF	Wicklungsfelder
WK	Wickelkopf
WLTC	Worldwide Harmonized Light-Duty Vehicles Test Cycle (dt.: Weltweit vereinheitlichter Prüfzyklus von Fahrzeugen für den Leichtverkehr)
WLTP	Worldwide Harmonized Light-Duty Vehicles Test Procedure (dt.: Weltweit vereinheitlichtes Testverfahren von Fahrzeugen für den Leichtverkehr)
WR	Wechselrichter

Symbolverzeichnis

K_0	Modifizierte Bessel-Funktion 2. Art 0. Ordnung	-
k	Korrekturfaktor	-
k	Parameter für Substitution	-
k	Verlustfaktor für Stromverdrängung	-
k	Füllfaktor	-
L	Induktivität	H
l	Länge	m
M	Drehmoment	Nm
m	Parameter für Kreisstromberechnung	-
m	Phasenzahl	-
m	Steigung	-
m	Masse	kg
Nu	Nusselt-Zahl	-
N	Nutzahl	-
n	Anzahl	-
n	Drehzahl	U/min
P	Leistung	W
p	Polpaarzahl	-
p	Leistungsdichte	kW/kg
Q	Wärmestrom	W
q	Lochzahl	-
R	Widerstand	Ωm
Ta	Taylor-Zahl	-
r	Radius	m
s	Strecke/Weg	m
T	Periodendauer	s
T	Temperatur	°C
t	Zeit	s
U	Spannung	V
V	Volumen	m^3
x	Koordinate	-
x	Radiale Position	m
z	Parameter für Substitution	-
z	Anzahl Drähte	-

Griechische Buchstaben

α	Vorsteuerwinkel	°el
α	Exponent zur Lagerverlustbestimmung	-
α	Verlustexponent	-
α	Temperaturkoeffizient	1/K
β	Reduzierte Leiterhöhe	m
β	Skalierungsfaktor für Skin- und Proximityverluste	-
β	Verlustexponent	-
Δ	Differenz	-
δ	Luftspalt	m
δ	Eindringtiefe	m
ε	Permittivität	F/m
η	Faktor für Excessverluste	-
η	Parameter zur Wicklungsbeschreibung	-
η	Wirkungsgrad	-
γ	Schrägungswinkel	°
γ	Phasenwinkel	°
κ	elektr. Leitfähigkeit	S/m
λ	Wärmeleitfähigkeit	W/mK
μ	Permeabilität	H/m
ν	Viskosität	Pa·s
ν	Ordnungszahl	-
ω	Kreisfrequenz	1/s
φ	Hilfsfunktion	-
φ	Phasenwinkel	°
π	Kreiszahl	-
ψ	Magnetischer Fluss	Wb
ψ	Hilfsfunktion	-
ρ	Spez. elektr. Widerstand	Ωm
σ	Eisenverlustfaktor	-
σ	Elektr. Leitfähigkeit	S/m
τ	Harzfuellfaktor	-
ξ	Strukturparameter für die Nut	-

Indizes	
AC	Alternating Current (dt.: Wechselstrom)
akt	Aktivteil
analyt	Analytisch
b	Breite
Batt	Batterie
Cu	Kupfer
D	Draht
DC	Direct Current (dt.: Gleichstrom)
dyn	Dynamisch
eff	Effektiv
EL	Einzelne Lamelle
el	Elektrisch
Exc	Excess-Verluste
Fe	Eisen
g	Gut
ges	Gesamt
global	Global
h	Höhe
Hys	Hysterese
i	Index
ind	Induziert
Iso	Isolation
k	Laufindex
kn	Index zur Beschreibung des Korrekturfaktors für Stromverdrängung
Kreis	Kreisströme
L	Leiter
Lsp	Luftspalt
Luft	Luftreibung
m	Mittel
Mag	Magnet
max	Maximal
mech	Mechanisch
mech	Mechanisch

Mess	Messung
NdFeB	Neodym-Eisen-Bor
norm	Normiert
par	Parallel
Ph	Phase
Prox	Proximity
R	Rotor
r	Relativ
rad	Radial
Red	Reduziert
res	Resultierend
S	Stator
S	Sättigung
s	Schlecht
Sim	Simulation
sin	Sinus
SK	Stanzkante
Stirn	Stirnraum
t	Index für Leiterlage innerhalb der Nut
tang	Tangential
th	Thermisch
u	Unterhalb
V	Verluste
Wirbel	Wirbelstrom
WK	Wickelkopf
WR	Wechselrichter
ZK	Zwischenkreis

Kurzfassung

Die vorliegende Arbeit beschäftigt sich mit der Verlustanalyse/-berechnung und der resultierenden Schnittstelle zur thermischen Simulation bei permanentmagneterregten Synchronmaschinen, welche in Elektro- und Hybridfahrzeugen eingesetzt werden. Speziell für derartige, hoch ausgenutzte Maschinen spielt eine möglichst exakte Temperaturvorhersage eine wichtige Rolle, um zum Beispiel die maximale Dauerleistung zu bestimmen. Hierfür ist neben der absoluten Verlustvorhersage auch die räumliche Verteilung der Verluste, sowie deren Temperaturverhalten entscheidend.

In der Arbeit werden die Kupfer-, Eisen- und Magnetverluste untersucht. Als Basis für die thermische Simulation dient ein thermisches Netzwerkmodell, welches sich durch einen hohen Diskretisierungslevel (feine lokale Auflösung) auszeichnet. Die einzelnen Verlustarten werden nacheinander hinsichtlich relevanter Verlusteffekte analysiert. Darauf aufbauend wird die räumliche Verteilung der genannten Verluste untersucht und es werden entsprechende Methoden zur Verlustübergabe an die thermische Domäne erarbeitet. Parallel wird das temperaturabhängige Verhalten der einzelnen Verlustarten ermittelt und anhand von Skalierungsvorschriften/-formeln der thermischen Domäne bereitgestellt. Anhand von ausgewählten Messungen wird die Verlustberechnung validiert.

Hinsichtlich der Stromwärmeverluste liegt der Fokus auf den frequenzabhängigen Zusatzverlusten (Skin- und Proximityeffekt, sowie mögliche Kreisströme) mit ihren räumlichen Verteilungen, sowie deren Temperaturverhalten. Im Hinblick auf eine genaue Temperaturvorhersage wird ein radiales Schichtenmodell zur Übergabe der Verlustverteilung, sowie eine erweiterte Skalierungsformel zur Abbildung des temperaturabhängigen Verhaltens erarbeitet. Um die Berechnung der Eisenverluste zu verbessern, wird ein Modell zur Berücksichtigung der Stanzkanten dargelegt. Zudem wird der Einfluss von Stirnstreufeldern auf die Randlamellen untersucht und eine allgemeingültige Vorschrift zum lokalen Verlusttransfer in die thermische Domäne erarbeitet. Bezüglich der Wirbelstromverluste in den Magneten wird eine kalorimetrische Messmethode vorgestellt sowie die Verlustverteilung, speziell bei geschrägten Maschinen, analysiert. Durch die dem Umrichterbetrieb geschuldeten Stromoberschwingungen resultieren Zusatzverluste, welche gesondert hinsichtlich verschiedener Einflussfaktoren, wie etwa der Taktfrequenz, untersucht werden.

Am Ende der Arbeit erfolgt ein Gesamtmaschinenabgleich, welcher sowohl die berechneten und gemessenen Verluste, als auch die Temperaturen gegenüberstellt. Die gute Übereinstimmung (maximale Abweichung: Verluste $\pm 5\,\%$, Temperaturen ± 10 K) unterstreicht die Notwendigkeit einer genauen Verlustberechnung auf der einen Seite und einer lokalen Verlusteinspeisung und -skalierung auf der anderen Seite.

Abstract

This thesis focuses on loss analysis/ calculation and the interface to thermal simulations for permanent magnet synchronous machines which are used in electric and hybrid cars. The prediction of an exact temperature plays an enormous role for such highly utilized machines. Exemplarily, the calculation of the resulting continuous power is mentioned. Beside the absolute loss forecast, the local loss distribution, as well as the temperature-dependent loss behavior is essential for this purpose.

Copper-, iron- and permanent magnet losses are investigated in this thesis. A thermal network model is used for thermal calculations. This model is characterized by a high discretization. In terms of relevant loss effects, the individual types of losses get sequentially analyzed. Based on that, the local distribution is investigated and appropriate measures are developed to transfer the loss distribution to the thermal domain. Additionally, the temperature dependency of each single loss type is identified and corresponding scaling formulas are derived. Those can be used in the thermal calculation. All done loss calculations are validated by executing various measurements.

With regard to the copper losses this thesis focuses on the frequency-dependent losses (skin- and proximity effects as well as circulating currents). Furthermore, the local distribution (especially within the slot) and the temperature dependency are analyzed. With respect to an exact temperature prediction a radial layer model, which transfers the losses to the thermal domain, and an improved scaling formula, distinguishing between DC- and AC-losses, are developed. To improve the iron loss estimation a new calculation model is elaborated, taking into account the material degradation at the punching edge. Furthermore, the impact of stray fields is investigated in the forehead area of the machine on eddy current losses in the end lamellae. A calorimetric measuring technique is proposed to determine the eddy current losses within the magnet. Besides, the loss distribution in axial direction is analyzed especially for skewed machines. Due to inverter fed operation current harmonics occur, which cause additional losses. Those are measured and examined separately for various factors like switching frequency and battery voltage.

At the end of this thesis an overall comparison between calculated and measured losses and temperatures is carried out. An accuracy of ± 5 % in terms of loss calculation and of ± 10 K in terms of temperature prediction is achieved. These results prove that on the one side an exact loss calculation and on the other side a local loss transfer and a local loss scaling are necessary. Associated methods and formulas are developed and outlined in this thesis.

1 Einleitung

1.1 Motivation und Ziele der Arbeit

Neben den geringen Emissionen zählt Fahrspaß, maßgeblich durch das Beschleunigungsverhalten definiert, zu den wichtigsten Verkaufsargumenten von elektrifizierten Fahrzeugen [51, 122]. Die verschiedenen Autohersteller werben damit, dass der verbaute Elektromotor bereits aus dem Stillstand das volle Drehmoment zur Verfügung stellt und damit selbst Sportwagenfahrer beeindruckt [29]. Die Firma Tesla treibt es noch einen Schritt weiter und liefert dem Kunden einen wählbaren „Insane-" (dt.: „Wahnsinns-") Modus, um die maximale Beschleunigung zu gewährleisten [21, 119]. Hierbei werden die 691 PS des elektrischen Antriebs auf die Räder übertragen, was den Wagen in circa 3 Sekunden auf 100 $\frac{km}{h}$ beschleunigt. Ein weiteres Beispiel für die Leistungsfähigkeit beziehungsweise das enorme Beschleunigungsverhalten von Elektromotoren ist der Sprint-Weltrekord für elektrisch angetriebene Fahrzeuge des Formula Student Teams des Akademischen Motorsportvereins Zürich. 2016 benötigten sie 1,513 Sekunden, um ihr elektrisch angetriebenes Formelfahrzeug von 0 auf 100 $\frac{km}{h}$ zu beschleunigen [32]. Allerdings wird in den gezeigten Beispielen ein Effekt, der für den späteren Fahrer durchaus relevant ist, oft vernachlässigt. Hierbei geht es um die Tatsache, dass die Dauerleistung einer elektrischen Maschine, also die dauerhaft verfügbare Leistung im erwärmten Zustand, in der Regel deutlich geringer als die Maximalleistung ausfällt. So wird in [75] aufgezeigt, dass das oben angesprochene Fahrzeug der Firma Tesla hinsichtlich der erwähnten Dauerleistung Schwächen besitzt. Bei mehrfachem Beschleunigen oder Hochgeschwindigkeitsfahren heizt sich der Antrieb sehr schnell so weit auf, dass die Abgabeleistung drastisch nach unten geregelt werden muss.

Diese Erwärmung der Maschine liegt in der auftretenden Verlustleistung begründet. Die Leistung im Dauerbetrieb ist somit maßgeblich durch die anfallenden Verluste und die realisierte Kühlung begrenzt. Demzufolge könnte

© Springer Fachmedien Wiesbaden GmbH, ein Teil von Springer Nature 2019
D. Bauer, *Verlustanalyse bei elektrischen Maschinen für Elektro- und Hybridfahrzeuge zur Weiterverarbeitung in thermischen Netzwerkmodellen*, Wissenschaftliche Reihe Fahrzeugtechnik Universität Stuttgart, https://doi.org/10.1007/978-3-658-24272-5_1

in Zukunft neben dem Beschleunigungsverhalten beziehungsweise dem Fahrspaß von elektrifizierten Fahrzeugen auch die Dauerleistung ein wichtiges Verkaufskriterium darstellen. Es erscheint gut nachvollziehbar, dass kein Autofahrer nach jedem Beschleunigungsvorgang kurzfristig weniger Leistung zur Verfügung haben möchte. Auf Basis dessen spielen sowohl die für die Erwärmung verantwortlichen Verluste im Elektromotor, als auch die Temperaturberechnung innerhalb der Maschine schon in der Entwicklungsphase eine entscheidende Rolle. Dies hat unmittelbar zur Folge, dass die Verlustberechnung, die thermische Modellierung und auch die Schnittstelle zwischen beiden Domänen im Auslegungsprozess der elektrischen Maschine von hoher Bedeutung sind. Üblicherweise werden thermische Netzwerkmodelle verwendet, welche auf Basis der berechneten Verlustleistungen die resultierenden Temperaturen liefern. Um den Rechenaufwand zu minimieren wird die Temperaturabhängigkeit der Verlustleistungen standardmäßig über Skalierungsformeln im thermischen Modell berücksichtigt.

Im Verlauf der vorliegenden Arbeit werden zum einen Methoden zur Verbesserung der Verlustberechnung erarbeitet und zum anderen die Schnittstelle zur thermischen Domäne analysiert und weiterentwickelt. Bezüglich dieser Schnittstelle ist es gängige Praxis, die auftretende Verlustleistung konzentriert, ohne Berücksichtigung der Verlustverteilung, in wenige Knoten des thermischen Modells einzuprägen. In dieser Arbeit wird gezeigt, dass für exakte Temperaturberechnungen eine lokale Verlusteinspeisung nötig ist. Entsprechende Methoden und Vorgehensweisen zum lokal aufgelösten Verlusttransfer werden erarbeitet. Hinsichtlich der Temperaturabhängigkeit der Verluste werden bestehende Skalierungsformeln analysiert und erweitert. Auch hier zeigt sich die Notwendigkeit der lokalen Anwendung.

Die Analysen und erarbeiteten Methoden werden beispielhaft an einer permanentmagneterregten Synchronmaschine (PSM), welche in Elektro- und Hybridfahrzeugen eingesetzt wird, durchgeführt und validiert. Der Fokus liegt hierbei auf den elektromagnetisch hervorgerufenen Verlustarten: Den Kupfer-, Eisen- und Magnetverlusten. Innerhalb der thermischen Domäne wird ein hochaufgelöstes thermisches Netzwerkmodell verwendet.

Hinsichtlich der Kupferverluste wird unter anderem herausgearbeitet, dass die inhomogene Verlustverteilung innerhalb der Nut aufgrund frequenzabhängiger

Zusatzverluste im thermischen Modell zu berücksichtigen ist. Ein universelles Schichtenmodell zur Verlustübergabe wird vorgestellt. Des Weiteren zeigt sich, dass die Kupferverluste, abhängig vom jeweiligen Verlustanteil, klassisch ohmsch oder frequenzabhängig, unterschiedlich über die Temperatur skaliert werden müssen.

Um die Eisenverlustberechnung zu verbessern, wird ein universal einsetzbares, praktisches Modell zur Berücksichtigung der geschädigten Materialeigenschaften im Bereich der Stanzkante erarbeitet. Auf Basis dessen können die resultierenden Zusatzverluste in diesem Bereich berechnet und die übliche Ungenauigkeit in der Eisenverlustberechnung verringert werden. Darüber hinaus wird der Einfluss von Stirnstreufeldern auf die Eisenverluste, sowie die Schnittstelle zur thermischen Simulation untersucht.

Bezüglich der Verluste in den Permanentmagneten wird ein Messverfahren, basierend auf kalorimetrischen Methoden, zur Bestimmung der Wirbelstromverluste erarbeitet, vorgestellt und validiert. Zudem wird unter anderem der Einfluss der Schrägung auf die resultierende Verlustverteilung innerhalb der Maschine untersucht. Entsprechende Studien zum Verlusttransfer in die thermische Domäne und die Ableitung einer temperaturabhängigen Verlustskalierung schließen das Kapitel.

Durch einen Gesamtmaschinenabgleich am Ende werden die verbesserte Verlustberechnung und die erhöhte Genauigkeit der Temperaturvorhersagen messtechnisch aufbereitet und nachgewiesen.

1.2 Struktur der Arbeit

Kapitel 2 beschreibt die Rahmenbedingungen in Elektro- und Hybridfahrzeugen. Hierbei werden der elektrische Antriebsstrang vorgestellt und die resultierenden Anforderungen an die elektrische Maschine abgeleitet. Spezielle Randbedingungen, welche sich durch den Einsatz der Maschine in Elektro- und Hybridfahrzeugen ergeben, werden ebenfalls kurz diskutiert. Hier sind insbesondere die Relevanz von Fahrzyklen und der Betrieb am Umrichter zu nennen.

Kapitel 3 fokussiert auf die auftretenden Verlustleistungen einer PSM. Neben einer ganzheitlichen Darstellung wird die Bedeutung der Verluste herausgearbeitet.

Kapitel 4 beschreibt das der Arbeit als Basis dienende Maschinenmuster. Hierbei handelt es sich um eine wassergekühlte permanentmagneterregte Synchronmaschine.

In Kapitel 5 wird das verwendete thermische Netzwerkmodell vorgestellt. Dieses zeichnet sich durch eine frei wählbare Diskretisierung der Maschinengeometrie aus. Dies ermöglicht im weiteren Verlauf sowohl eine lokale Verlusteinspeisung, als auch eine lokale Verlustskalierung. Ein thermisches FEM-Modell, welches für spezielle Untersuchungen herangezogen wird, wird ebenfalls kurz erläutert.

Im Hauptteil der Arbeit (Kapitel 6) werden die drei wichtigsten Verlustarten (Kupfer-, Eisen- und Magnetverluste), unabhängig voneinander, hinsichtlich der genannten Ziele untersucht. Der Aufbau der drei resultierenden Unterkapitel wird aufgrund der gegebenen Zielstellung und für bessere Lesbarkeit identisch belassen. Beginnend mit den wirkenden Verlustmechanismen und Berechnungsmethoden werden die Grundlagen der untersuchten Verlustart erläutert. Anschließend wird jeweils kurz der aktuelle Stand der Technik vorgestellt. Das jeweils nachfolgende Unterkapitel „Verlustanalyse" zeigt sowohl die ausgewählten Verlusteffekte zur Verbesserung der Verlustberechnung, als auch die resultierenden Verlustverteilungen innerhalb der Maschine. Des Weiteren werden hier messtechnische Verfahren erarbeitet und mit den vorgestellten Berechnungsmethoden verglichen. Im Anschluss wird im Unterkapitel „Analyse thermisch relevanter Kriterien" die Schnittstelle zur thermischen Simulation analysiert. Hierbei werden die Lokalität (örtliche Verteilung) der Verluste und der resultierende Einfluss auf die Erwärmung untersucht. In Folge dessen werden Verfahrensweisen und Modelle entwickelt, welche die Verlustübergabe zu thermischen Modellen unter Berücksichtigung der notwendigen lokalen Verlustverteilung gewährleisten. Skalierungsformeln, welche das temperaturabhängige Verhalten der Verluste beschreiben, werden der Literatur entnommen beziehungsweise anhand durchgeführter Analysen hergeleitet und erweitert. Auf Basis der ermittelten Wirkzusammenhänge und Ergebnisse ist es möglich, Anforderungen an thermische Netzwerkmodelle hinsichtlich einer genauen Temperaturvorhersage zu definieren. Ein Fazit, welches die ermittelten Zusammenhänge und erarbeiteten Methoden zusammenfasst, schließt jedes Verlustkapitel.

In Kapitel 7 wird ein Gesamtmaschinenabgleich durchgeführt, um die erarbeiteten Ergebnisse zu validieren. Dabei werden sowohl die auftretenden Verluste als auch die Temperaturen zwischen Messung und Rechnung verglichen. Im Leerlauf- und Kurzschlussfall stimmen die ermittelten Werte (Abweichungen in der Verlustberechnung kleiner 5 % und in der Temperaturberechnung im Mittel kleiner 10 K) sehr gut überein und bestätigen die Bedeutsamkeit der erarbeiteten Erkenntnisse.

Kapitel 8 enthält eine Zusammenfassung der Ergebnisse und gibt im Ausblick Möglichkeiten für weiterführende Arbeiten an.

2 Einsatz von elektrischen Maschinen im Elektro- bzw. Hybridfahrzeug

2.1 Elektrischer Antriebsstrang

Unabhängig vom Gesamtfahrzeugkonzept (Hybrid- oder Elektrofahrzeug) basiert der elektrische Teil des Antriebsstranges auf einem Energiespeicher (Batterie/ Brennstoffzelle), der Leistungselektronik (Umrichter) und der elektrischen Maschine. Da die Hochvoltbatterie (übliches Spannungsniveau zwischen 200 und 800 V) das aktuell gängigere Konzept darstellt, wird dieses im Folgenden beispielhaft betrachtet. Abb. 2.1 zeigt schematisch den beschriebenen Aufbau eines elektrischen Antriebsstranges.

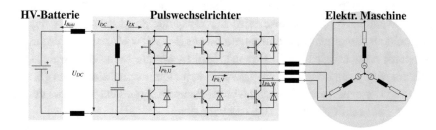

Abbildung 2.1: Ersatzschaltbild des elektrischen Antriebsstranges [102]

Die Batterie liefert dabei an den Klemmen eine Gleichspannung U_{DC}, deren Höhe sich nach der Anzahl und Verschaltung der verbauten Zellen richtet. Üblicherweise handelt es sich heute hierbei um Lithium-Zellen. Diese Gleichspannung wird im Umrichter standardmäßig in eine dreiphasige Wechselspannung variabler Amplitude und Frequenz gewandelt.

© Springer Fachmedien Wiesbaden GmbH, ein Teil von Springer Nature 2019
D. Bauer, *Verlustanalyse bei elektrischen Maschinen für Elektro- und Hybridfahrzeuge zur Weiterverarbeitung in thermischen Netzwerkmodellen*, Wissenschaftliche Reihe Fahrzeugtechnik Universität Stuttgart, https://doi.org/10.1007/978-3-658-24272-5_2

Diese ergibt sich in Abhängigkeit des gewählten Ansteuerverfahrens (SVP-WM*, Blockbetrieb[†], ...) und wird häufig durch einen Faktor k_{WR} in Abhängigkeit von U_{DC} beschrieben:

$$U_{Ph,Motor} = k_{WR} \cdot U_{DC} \qquad \text{Gl. 2.1}$$

Dieser Faktor liegt üblicherweise zwischen 0,35 und 0,45. Um näherungsweise sinusförmige Wechselströme zu erreichen, werden die verbauten Leistungshalbleiter typischerweise mit Taktfrequenzen zwischen 5 und 20 kHz betrieben. Parasitäre, höherfrequente Stromanteile werden im Folgenden als Stromoberschwingungen bezeichnet. Die verwendeten Bauelemente stellen den begrenzenden Faktor für den maximalen, der elektrischen Maschine zuführbaren, Phasenstrom I_{Ph} dar. Demzufolge liegt an der elektrischen Maschine eine Phasenspannung U_{Ph} an und es ergibt sich ein nahezu sinusförmiger Phasenstrom I_{Ph}. Innerhalb dieser Arbeit wird der Winkel zwischen Phasenstrom und Polradspannung als Vorsteuerwinkel $(-\alpha)$ definiert. Aktuell werden Permanentmagneterregte Synchronmaschinen üblicherweise für Traktionsantriebe verwendet. Typischerweise wird die Maschine so geregelt, dass das gewünschte Sollmoment bei minimalem Strom (MTPA = Maximum Torque per Ampere) erreicht wird [115]. Daneben gibt es weitere Methoden, welche auf minimale (System-)Verluste im gewünschten Betriebspunkt abzielen [3, 37]. Das von der elektrischen Maschine entwickelte Drehmoment sorgt bei der aktuellen Drehzahl für den Vortrieb des Fahrzeugs.

2.2 Anforderungen an die elektrische Maschine

Hinsichtlich der Anforderungen an die elektrische Maschine sind eine Vielzahl an Aspekten zu nennen, wobei im Folgenden nur ein kleiner Überblick gegeben wird. Um die gewünschten fahrdynamischen Eigenschaften eines elektrifizierten Fahrzeugs zu gewährleisten, muss die elektrische Maschine eine bestimmte Drehzahl-Drehmoment-Charakteristik erfüllen. Über die Maximaldrehzahl und die eventuell vorhandene Getriebeübersetzung wird die maxima-

---

*Space-Vector-Pulse-Width-Modulation, dt.: Raumzeiger-Pulsweitenmodulation
[†] Schaltung längerer Spannungsblöcke, keine hochfrequente Taktung

le Geschwindigkeit, bei der der Elektromotor für Vortrieb sorgen kann, bestimmt. Über das maximale Drehmoment wird das Beschleunigungsverhalten beeinflusst.

Faktoren wie Geräuschemission, sicherheitsrelevante Aspekte sowie Kosten stellen weitere wesentlich zu beachtende Punkte dar. Aufgrund des knappen Bauraums in elektrifizierten Fahrzeugen spielt die Leistungsdichte ebenfalls eine wichtige Rolle.

Der Wirkungsgrad des kompletten Antriebsstranges und somit auch der elektrischen Maschine stellt eine wichtige Größe dar, da dieser die Reichweite des Fahrzeugs beeinflusst. Für die elektrische Maschine ist er im Motorbetrieb wie folgt definiert:

$$\eta_{EM,motorisch} = \frac{P_{Abgabe}}{P_{Aufnahme}} = \frac{P_{mech}}{P_{el}} = \frac{P_{el} - P_{V,EM}}{P_{el}} \qquad \text{Gl. 2.2}$$

Hierbei ist P_{mech} die abgegebene mechanische Leistung, P_{el} die aufgenommene elektrische Leistung und $P_{V,EM}$ die auftretende Verlustleistung innerhalb der elektrischen Maschine. Es ist zu erkennen, dass der Wirkungsgrad (respektive die Reichweite) direkt von der innerhalb der Maschine auftretenden Verlustleistung abhängt. Hinzukommend führen die Verluste zu einer Erwärmung der Maschine. Einzuhaltende Grenztemperaturen sowie sich verändernde Materialeigenschaften bewirken trotz allgemein vorhandener Kühlung eine Begrenzung der Leistung der Maschine. Die mechanische Leistung, die die Maschine auch bei Erwärmung dauerhaft abgeben kann, wird als Dauerleistung bezeichnet. Abb. 2.2 zeigt schematisch die sich ergebenden Kennlinien für den Kurzzeit- und Dauerbetrieb.

Da sich die elektrische Maschine im Fahrzeugbetrieb typischerweise im erwärmten Zustand befindet, spielt die mögliche Dauerleistung, wie in der Einleitung bereits erläutert, eine wichtige Rolle.

2.3 Relevanz von Fahrzyklen

Da derartige elektrische Maschinen nicht nur in einem einzelnen Betriebspunkt (M,n) betrieben werden, muss innerhalb der Auslegung der komplette

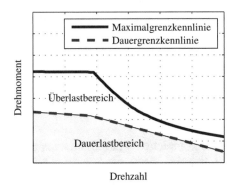

Abbildung 2.2: Schematische Darstellung von Überlast- und Dauerbetriebs-
bereich einer elektrischen Maschine

Betriebsbereich betrachtet werden. Um die Effizienz entsprechender elektrifi-
zierter Fahrzeuge beurteilen zu können, werden entsprechende Fahrzyklen verwendet. Abb. 2.3 zeigt sowohl den neuen europäischen Fahrzyklus (NEFZ) als
auch den „Worldwide Harmonized Light-Duty Vehicles Test Cycle" (WLTC),
wie sie sich beispielhaft für eine permanentmagneterregte Maschine mit einer
Maximaldrehzahl von 16000 $\frac{U}{min}$ ergeben. Die Vielzahl an Betriebspunkten ist
zu erkennen. So ist dem NEFZ zu entnehmen, dass speziell Betriebspunkte
im Teillastbereich von hoher Bedeutung für die Auslegung der Maschine sind.
Es muss beachtet werden, dass die später untersuchten Verluste je nach Betriebspunkt stark variieren. Die Kupferverluste sind in erster Näherung vom
Drehmoment bzw. der Stromhöhe abhängig und stellen den dominanten Verlustanteil bei kleinen Drehzahlen dar. Mit steigender Drehzahl nimmt der Anteil
der Eisen- und Reibungsverluste zu. Bei hohen Drehzahlen dominieren die Eisenverluste, da diese dort näherungsweise quadratisch mit der Drehzahl steigen
(siehe Abschnitt 6.2).

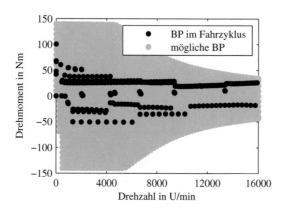

(a) NEFZ

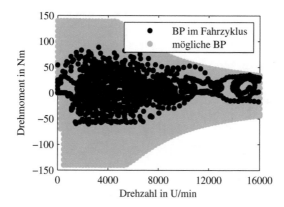

(b) WLTC

Abbildung 2.3: Aus Fahrzyklen resultierende Betriebspunkte einer beispiel-haften PSM mit $n_{max} = 16000 \frac{\text{U}}{\text{min}}$

3 Verlustleistungen in elektrischen Maschinen und deren Bedeutung

Innerhalb dieses Kapitels werden die einzelnen Verlustarten vorgestellt, die thermischen Auswirkungen genauer beschrieben und sich daraus ableitende Wirkzusammenhänge für den Auslegungs- und Berechnungsprozess ermittelt. Anschließend folgt ein Überblick der aktuell gängigen Berechnungsmethoden.

3.1 Übersicht auftretender Verlustleistungen

Abb. 3.1 zeigt eine Übersicht auftretender Verlustleistungen innerhalb einer permanentmagneterregten Synchronmaschine. Des Weiteren sind die zugrundeliegenden Verlusteffekte und der Entstehungsort angegeben. Die Verluste lassen sich in elektromagnetische und mechanische Verluste einordnen. Die elektromagnetisch (durch Strom- oder Magnetfluss) hervorgerufenen Verluste treten als Stromwärme-, Eisen- und Magnetverluste auf. Durch die Drehung des Rotors werden ebenfalls mechanische Verluste erzeugt, welche sich als Lager- und Lüftungsverluste äußern. Innerhalb dieser Arbeit werden die Kupferverluste (Stromwärmeverluste), die Eisenverluste und die Wirbelstromverluste in den Permanentmagneten untersucht. Verluste in umgebenden Konstruktionsteilen (z.B. Gehäuse) werden in dieser Arbeit nicht betrachtet.

3.2 Thermische Auswirkungen

Alle in der elektrischen Maschine auftretenden Verlustleistungen ziehen eine entsprechende Erwärmung nach sich. Hinsichtlich der resultierenden Temperaturen ist eine Betrachtung der Verlustdichten oft zielführender, da hier die lokale Information enthalten ist. Generell ist zu beachten, dass sich aufgrund

© Springer Fachmedien Wiesbaden GmbH, ein Teil von Springer Nature 2019
D. Bauer, *Verlustanalyse bei elektrischen Maschinen für Elektro- und Hybridfahrzeuge zur Weiterverarbeitung in thermischen Netzwerkmodellen*, Wissenschaftliche Reihe Fahrzeugtechnik Universität Stuttgart, https://doi.org/10.1007/978-3-658-24272-5_3

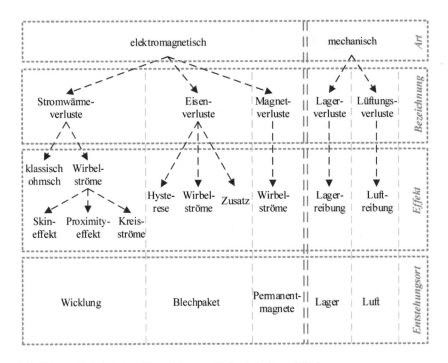

Abbildung 3.1: Verlustübersicht am Beispiel einer PSM

steigender Temperaturen die Materialeigenschaften innerhalb der Maschine ändern können. So nimmt beispielsweise die Remanenz der Permanentmagnete bei zunehmender Temperatur ab, woraus sich im Allgemeinen eine verringerte Leistung ergibt. Des Weiteren ändern sich die auftretenden Verlustleistungen in Abhängigkeit von der Temperatur. Als Beispiel sei die Veränderung der elektrischen Leitfähigkeit, respektive des elektrischen Widerstandes von Kupfer und somit die Änderung der auftretenden Stromwärmeverluste genannt.

Im Betrieb der Maschine muss zudem jederzeit darauf geachtet werden, dass spezifische, für einzelne Materialien festgelegte, Grenztemperaturen nicht überschritten werden. Je nach verwendetem Magnetmaterial ergeben sich unterschiedliche Temperaturen. Aktuell standardmäßig verwendete NdFeB-Magnete müssen bei hohen Temperaturen vor Entmagnetisierung geschützt werden. Beispielhaft wäre hier eine Magnetgrenztemperatur von $T = 150\,°C$. Die Maximaltemperatur von Kupferlackdraht wird durch die verwendete Isolierstoffklasse festgelegt (Bsp.: Klasse H entspricht 180 °C bei einer angesetzten Lebensdauer von 20000 h). Wie oben bereits erwähnt, ergibt sich durch die Erwärmung, die begrenzte Kühlung und die genannten Grenztemperaturen bei höheren Temperaturen bei längerer Belastungsdauer eine geringere Leistung als im Kurzzeitbetrieb.

3.3 Bedeutung für die Auslegung und Berechnung

Wie den angeführten Zusammenhängen entnommen werden kann, spielen die in elektrischen Maschinen für Hybrid- und Elektrofahrzeugen auftretenden Verlustleistungen eine wichtige Rolle. Zum einen sind sie direkt für den resultierenden Wirkungsgrad verantwortlich. Hiermit können in gewissem Maße die Reichweite eines solchen Fahrzeuges, respektive die vergleichsweise hohen Batteriekosten beeinflusst werden. Zum anderen sind die auftretenden Verluste, wie bereits erwähnt, Ursache der Maschinenerwärmung. Die Einhaltung gegebener Grenztemperaturen spiegelt einen für die Lebensdauer relevanten Aspekt wieder. Die sich im erwärmten Zustand ergebende Dauerleistung ist für den späteren Betrieb eine wichtige Größe. Allgemein ist zu beachten, dass die verschiedenen Verlusteffekte je nach Betriebspunkt quantitativ stark variieren können.

Die Relevanz der Verluste ist direkt auf die Auslegung, Berechnung und Optimierung derartiger Maschinen zu überführen. Somit ist ein enges Zusammenspiel aus elektromagnetischer und thermischer Berechnung unumgänglich. Dies beinhaltet eine möglichst exakte Verlustberechnung, die Identifikation der Verlustlokalität, eine gute Beschreibung der Materialeigenschaften in Abhängigkeit der Temperatur (Verlustskalierung) und ein hochwertiges thermisches Modell.

4 Untersuchtes Maschinenmuster

Innerhalb dieses Kapitels wird das in dieser Arbeit betrachtete Maschinenmuster (Bezeichnung PSM A) kurz vorgestellt. Es handelt sich hierbei um eine permanentmagneterregte Synchronmaschine, welche bereits in Serie in Elektro- und Hybridfahrzeugen eingesetzt wird. Abb. 4.1 zeigt die komplette Maschine und den dazugehörigen Blechschnitt. Die Maschine besitzt eine

(a) Gesamte Maschine   **(b)** Blechschnitt-Ausschnitt

Abbildung 4.1: Untersuchtes Maschinenmuster (PSM A)

Wassermantelkühlung am Statoraußendurchmesser. Sie liefert ein Maximaldrehmoment von über 200 Nm und kann bis zu einer Maximaldrehzahl von 12000 $\frac{U}{min}$ betrieben werden. Abb. 4.2 zeigt die dazugehörige Maximalkennlinie. Tabelle 4.1 gibt eine Übersicht über die wesentlichen Maschinendaten. Aufgrund der sechs Polpaare ergibt sich bei maximaler Drehzahl eine maximale elektrische Frequenz von 1,2 kHz. Dies spiegelt die in der Einführung genannten höheren Frequenzen, welche sich auf einige Verlustarten deutlich auswirken, wider. Die dreisträngige Wicklung ist als Zweischichtwicklung ausgeführt. Jede Phase ist in drei parallele Zweige unterteilt, welche jeweils vier Spulen beinhalten. Um den Skin-Effekt (siehe Kapitel 6.1.1) zu minimieren und eine gute Fertigbarkeit der Wicklung zu erreichen, besteht der Zweig aus sieben dünnen parallelen Drähten.

© Springer Fachmedien Wiesbaden GmbH, ein Teil von Springer Nature 2019
D. Bauer, *Verlustanalyse bei elektrischen Maschinen für Elektro- und Hybridfahrzeuge zur Weiterverarbeitung in thermischen Netzwerkmodellen*, Wissenschaftliche Reihe Fahrzeugtechnik Universität Stuttgart, https://doi.org/10.1007/978-3-658-24272-5_4

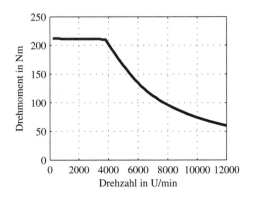

Abbildung 4.2: Maximalkennlinie der untersuchten Maschine PSM A bei
$T = 30\,°\text{C}$

Tabelle 4.1: Maschinendaten der untersuchten PSM A

Geometrie:		Wicklung:	
Außendurchmesser	180 mm	Art	- verteilt
Eisenlänge	120 mm		- $q = 1$
Luftspalt	0,7 mm		- Zweischicht
Nutzahl	36		- Einzugstech.
Polpaarzahl	6	Verschaltung	Stern (Y)
Schrägung	- 54°el.	Phasenzahl	3
	- Stator	Parallele Zweige	3
	- kontinuierl.	Spulen in Serie	4
Material:		Windungszahl je Spule	6/7
Blech	M330-35A	Parallele Drähte	7
Wicklung	Kupfer	Drahtdurchmesser d_1	4x 0,9 mm
Magnete	NdFeB	Drahtdurchmesser d_2	3x 0,95 mm

5 Thermische Modelle

Hinsichtlich der thermischen Modellierung einer elektrischen Maschine sind zwei Ansätze möglich. Zum einen die Berechnung mittels FEM, FVM[*] oder CFD[†]. Zum anderen thermische Netzwerkmodelle, die sich im Allgemeinen durch eine geringere räumliche Auflösung kennzeichnen. Mittels der erstgenannten Methoden ist die Wärmeleitung (FEM und FVM) und die Konvektion (CFD) direkt berechenbar. Die allgemein hohe Auflösung und Genauigkeit stehen der komplizierten, zeitaufwendigen Modellerstellung und der hohen Rechenzeit gegenüber. Auch bei diesen Methoden muss auf teilweise vereinfachte Modelle zurückgegriffen werden, da beispielsweise die Einzugwicklung oder die Rauigkeiten an der Stanzkante nur schwer zu modellieren sind. Zudem müssen weitere Modelle für den Kontakt zwischen zwei Materialien verwendet werden.

Thermische Netzwerkmodelle, auch als „Wärmequellennetze" oder auf Englisch als „lumped parameter thermal models" bezeichnet, basieren sowohl auf der angesprochenen geringeren räumlichen Auflösung als auch der analytischen Beziehung für die Wärmewiderstände. Hierbei können alle Arten des Wärmeübergangs abgedeckt werden. Da sich elektrische Maschinen, hier mit Fokus auf permanentmagneterregte Synchronmaschinen, hinsichtlich ihres allgemeinen Aufbaus nur wenig unterscheiden, zeichnen sich die thermischen Netzwerkmodelle, speziell dann wenn auf allgemeine Vorlagen zurückgegriffen werden kann, durch eine schnelle Erstellung aus. Zudem ist die geringe Rechenzeit als positiver Aspekt anzuführen. Speziell bei der Auslegung und Optimierung von elektrischen Maschinen und den damit verbundenen wechselnden Designs sind die angeführten Aspekte von großem Vorteil. Aus den genannten Gründen stellen Netzwerkmodelle für elektrische Maschinen die gängigste Variante dar [17, 18, 24, 48, 76, 88, 95, 96] und dienen auch dieser Arbeit als Basis.

---

[*]Finite-Volumen-Methode
[†]Computational Fluid Dynamics

© Springer Fachmedien Wiesbaden GmbH, ein Teil von Springer Nature 2019
D. Bauer, *Verlustanalyse bei elektrischen Maschinen für Elektro- und Hybridfahrzeuge zur Weiterverarbeitung in thermischen Netzwerkmodellen*, Wissenschaftliche Reihe Fahrzeugtechnik Universität Stuttgart, https://doi.org/10.1007/978-3-658-24272-5_5

5.1 Thermisches Netzwerkmodell

5.1.1 Aufbau und Grundgleichungen

Der Aufbau und die Grundgleichungen eines solchen Modells werden an einem vereinfachten Beispiel, hier eines Statorsegments (siehe Abb. 5.1) erläutert. Es ist zu erkennen, dass ganze Bereiche, zum Beispiel die Wicklung, in einem Knoten zusammengefasst werden. Die resultierenden Knoten werden über thermische Widerstände verbunden. Es wird die Annahme getroffen, dass

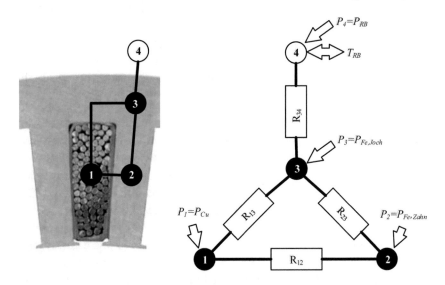

Abbildung 5.1: Einfaches thermisches Netzwerk eines Statorsegments:
Li.: Räuml. Aufteilung der Knoten;
Re.: Abstrahiertes Modell inkl. Randbedingungen

sich der Wärmetransport durch Überlagerung voneinander unabhängiger, eindimensionaler Wärmeübergänge darstellen lässt. Generell wird zwischen massebehafteten Knoten (hier: Ausgefüllte Kreise, z.B. Kupfer) und masselosen Knoten (hier: Nicht ausgefüllte Kreise, z.B. Umgebung) unterschieden. Die thermische Masse C_i eines massebehafteten Knotens kann durch Multiplikation der spezifischen Wärmekapazität c_i mit der zugeordneten Masse m_i berechnet werden:

$$C_i = c_i \cdot m_i \qquad \text{Gl. 5.1}$$

Die Grundgleichung für das thermische Netzwerkmodell stellt das Energieerhaltungsgesetz in Matrizenform dar:

$$C \cdot \dot{T} + G \cdot T = P \qquad \text{Gl. 5.2}$$

Hierbei stellt C die Wärmekapazitätsmatrix und G die Wärmeleitmatrix dar. $\dot{T}$, T und P sind Vektoren und entsprechen der Temperaturänderung bzw. der Temperatur und dem Quell- bzw. Verlustterm. Die entsprechende Lösung eines derartigen Systems kann [49] entnommen werden. Nach dem Fourierschen Erfahrungssatz fließt zwischen zwei Temperaturpotentialen ein Wärmestrom $\dot{Q}$, welcher proportional zur Temperaturdifferenz ΔT ist. Somit lässt sich, analog zum ohmschen Gesetz, der thermische Widerstand gemäß Gleichung (Gl. 5.3) bestimmen.

$$R_{th} = \frac{\Delta T}{\dot{Q}} \quad \text{vgl.} \quad R_{el} = \frac{U}{I} \qquad \text{Gl. 5.3}$$

Innerhalb des thermischen Netzwerkmodells einer elektrischen Maschine treten verschiedene thermische Widerstände auf, die sich wie folgt unterscheiden:

- Für einen ruhenden Stoff ist die Wärmeleitfähigkeit λ entscheidend. So ergibt sich für einen Stab mit konstanter Querschnittsfläche A, der Länge l ein thermischer Widerstand von $R_{th} = \frac{l}{\lambda A}$.

- Für die Kontaktstelle zwischen zwei Festkörpern ist deren Beschaffenheit für den thermischen Widerstand entscheidend. Hier wird innerhalb der Modellierung oft auf äquivalente Luftschichten zurückgegriffen [112].

- Wird die konvektive Wärmeübertragung zwischen einer Wand und einem Fluid betrachtet, so wird ein Wärmeübergangskoeffizient α verwendet. Dieser basiert für gewöhnlich auf empirischen Korrelationen. Nur selten finden sich analytische Herleitungen. Für einen derartigen Wärmeübergang seien beispielsweise der Stirnraum und der Luftspalt der Maschine zu nennen.

Um das thermische Netzwerk nun lösen zu können sind Anfangs- und Randbedingungen nötig. Hierbei wird zwischen drei Arten unterschieden [1]:

- **Temperaturrandbedingungen (RB 1. Art):** Einprägung einer Temperatur T_{RB} an einem Knoten i.

- **Wärmestromrandbedingungen (RB 2. Art):** Definition eines Wärmestroms am Knoten i. Direkte Vorgabe im Verlustvektor P möglich.

- **Wärmeübergangsbedingungen (RB 3. Art):** Kombination der Randbedingungen 1. und 2. Art - Definition eines Wärmestroms in Abhängigkeit einer Temperaturdifferenz.

Eine genauere Erklärung und die Umsetzung der genannten Randbedingungen kann [49, 62] entnommen werden. Eine Temperaturrandbedingung ist zwingend notwendig, um das Gleichungssystem eindeutig zu lösen. Eine Berechnung der Temperaturunterschiede zwischen den Knoten wäre möglich, jedoch kein Rückschluss auf absolute Temperaturen [56]. Um das Differentialgleichungssystem transient zu lösen, sind Anfangsbedingungen zu definieren. Bei der elektrischen Maschine wird häufig von einer konstanten Starttemperatur (an allen Knoten) innerhalb der Maschine ausgegangen.

5.1.2 Stationäre und transiente Lösung

Oft werden bei der thermischen Berechnung der elektrischen Maschine nur die stationären Endtemperaturen betrachtet. Diese geben beispielsweise Aufschluss darüber, ob geltende Grenztemperaturen (z.B. für Magnete oder Kupfer) überschritten werden oder nicht. Für diesen Fall genügt eine stationäre Rechnung, womit sich $\dot{T}$ in Gleichung (Gl. 5.2) zu Null ergibt. Das hieraus resultierende lineare Gleichungssystem lässt sich somit schnell lösen. Jedoch müssen aufgrund der Temperaturabhängigkeit der Verluste Iterationsschritte vorgesehen werden. Um neben den stationären Endtemperaturen auch den kompletten Temperaturverlauf an allen Knoten zu erhalten, ist eine transiente Lösung des Systems notwendig.

5.1.3 Verlusteinspeisung und Verlustskalierung - Stand der Technik

Hinsichtlich der Verlustübergabe in die thermische Domäne müssen die einzelnen Verlustarten einzeln betrachtet werden. Die Kupferverluste werden im

Allgemeinen homogen, nur aufgeteilt nach Wickelkopf und Aktivteil, übertragen. Die Eisenverluste werden standardmäßig nach Rotor und Stator aufgeteilt, während bei den Magnetverlusten keine weiterreichende Diskretisierung gewählt wird. Die bevorzugt eingesetzten thermischen Netzwerkmodelle können kommerziell genutzte Tools wie MotorCAD oder Eigenentwicklungen sein. Oft zeichnen sich diese durch eine geringe Diskretisierung (maximal ca. 50 Knoten) aus. Hierbei werden die Wärmepfade in der elektrischen Maschine nur über wenige Knoten realisiert. Diese Art von thermischen Modellen lässt eine präzise Verlusteinspeisung nicht zu. Mittlerweile werden vermehrt höher aufgelöste Netzwerkmodelle verwendet, um zum einen resultierende Diskretisierungsfehler zu minimieren [42, 69] und zum anderen auch die Verluste lokal genauer einzuspeisen [18, 95, 123]. Hinsichtlich der Temperaturabhängigkeit der Verluste ist es Stand der Technik, nur die Kupferverluste im thermischen Modell zu skalieren. Hierbei werden die Kupferverluste, wie bereits oben erwähnt, linear in Abhängigkeit zur mittleren Kupfertemperatur skaliert.

5.1.4 Verwendetes thermisches Modell

Im folgenden Abschnitt wird das für die untersuchte Maschine verwendete thermische Netzwerkmodell vorgestellt. Dieses ist parallel zu dieser Arbeit in der Dissertation von Herrn Kühbacher [68] entstanden. Im Weiteren soll deshalb nur auf die für diese Arbeit wichtigsten Funktionen eingegangen werden. Nähere Details können der genannten Arbeit entnommen werden.

Das thermische Netzwerkmodell ist dreidimensional, voll parametrisiert und der Diskretisierungslevel für einzelne Bauteile/Gebiete ist frei wählbar. Die Modellerstellung soll wiederum kurz am Beispiel des Statorsegments gezeigt werden (siehe Abb. 5.2). Es wird angenommen, dass sich das Temperaturfeld zur Nutmitte symmetrisch verhält. Dies erlaubt die Halbierung des betrachteten Segments. Das Modell wird in vier Abschnitte (Joch über Zahn, Joch über Nut, Zahn und Nut) unterteilt. Der Zahnkopf wird an dieser Stelle aus Gründen der Anschaulichkeit vernachlässigt. Im nächsten Schritt wird die jeweilige Diskretisierungsstufe in radialer und tangentialer Richtung festgelegt (Beispiel Nut: Drei tangentiale und fünf radiale Kontrollvolumina). Über die gewählten Diskretisierungsstufen ist es später möglich, z.B. Kupferverluste in

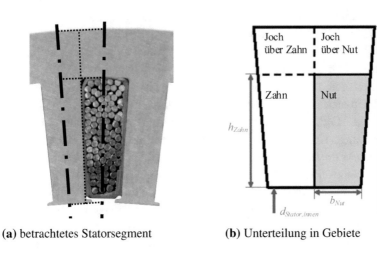

(a) betrachtetes Statorsegment   (b) Unterteilung in Gebiete

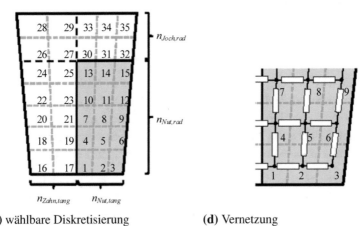

(c) wählbare Diskretisierung   (d) Vernetzung

Abbildung 5.2: Erstellung des thermischen Netzwerks am Beispiel eines Statorsegments

der Nut lokal verteilt einzuspeisen (siehe Abschnitt 6.1.5). In der Mitte der sich ergebenden Kontrollvolumina wird der Netzwerkknoten platziert. Auf Basis der bekannten Geometriegrößen und Stoffeigenschaften lassen sich nun die thermischen Größen, wie thermischer Widerstand und Wärmekapazität,

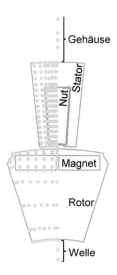

Abbildung 5.3: Thermisches Netzwerk der untersuchten Maschine mit einer beispielhaft gewählten Diskretisierung in radialer und tangentialer Richtung

berechnen. Zusätzlich kann zwischen zwei Knoten ein Koppelwiderstand definiert werden. So wird im vorliegenden thermischen Modell beispielsweise das Nutisolationspapier berücksichtigt. Ferner wird dieser Koppelwiderstand häufig beim Übergang zwischen zwei unterschiedlichen Bauteilen verwendet. Die Netzwerkerstellung erfolgt analog in axialer Richtung, so dass ein dreidimensionales Modell der Maschine erzeugt wird. Abb. 5.3 zeigt das thermische Netzwerk der untersuchten Maschine im Querschnitt. Der Längsschnitt kann dem Anhang A1.1 entnommen werden. Im Folgenden werden verschiedene für diese Arbeit interessante Aspekte des thermischen Modells kurz beschrieben. Details und die genaue Umsetzung können der Arbeit von Kühbacher [68] entnommen werden.

Homogenisierung der Nut

Um Einzugwicklungen, wie in der untersuchten Maschine vorhanden (vgl. Abb. 5.1), thermisch abzubilden, wird ein Homogenisierungsansatz[‡] verwendet. In diesem Fall wird die effektive Querleitfähigkeit[§] basierend auf der Korrelation nach Milton [55, 82] verwendet. Kühbacher [68] erweitert den Ansatz noch um einen Harzfüllfaktor. Der typische Wertebereich für λ_{eff} liegt zwischen 0,5 und 1,0 $\frac{W}{mK}$ für eine in Harz getränkte Einzugwicklung mit ca. 40-60 % Füllfaktor.

Wickelkopf

Aufgrund der unbekannten Drahtlage und der sehr komplexen Geometrie des Wickelkopfes wird dieser als „axiale Verlängerung" des Nutnetzwerks modelliert. Die korrespondierende axiale Länge wird über die bekannte Kupfermasse beziehungsweise den bekannten elektrischen Widerstand bestimmt. Der Wärmeübergang zu einem im Stirnraum definierten Luftknoten kann dem folgenden Absatz entnommen werden.

Stirnraum

Im Stirnraum der Maschine ist ein Luftknoten definiert, welcher die dortige Luft erfasst. An diesen sind alle Stirnraumflächen wie der Wickelkopf, die äußere Stator- und Rotorkontur, die Welle und alle Gehäuseflächen angebunden. Über die in [112] angegebene Korrelation wird der Wärmeübergangskoeffizient für jede angebundene Fläche bestimmt. Die Parametrierung der verwendeten Korrelation kann [68] entnommen werden.

[‡]Darstellung der verschiedenen Materialien (Kupfer, Harz, Isolation und Luft) als ein homogenisiertes Ersatzmaterial

[§]resultierende Leitfähigkeit des Ersatzmaterials senkrecht zur Maschinenachse

Luftspalt

Um den Wärmeübergang im Luftspalt zu bestimmen wird die Korrelation nach Becker und Kaye [11] verwendet. Diese basiert auf zwei konzentrischen Zylindern, wobei der Innere einer Drehung ausgesetzt ist. Die Taylor-Zahl Ta ist für die Strömungsform entscheidend und kann gemäß Gleichung (Gl. 5.4) bestimmt werden. Sie ist abhängig von der Winkelgeschwindigkeit ω, dem mittleren Luftspaltradius R_m, der Luftspalthöhe h_{Lsp} und der kinematischen Viskosität v des vorhandenen Fluids, hier Luft.

$$\mathrm{Ta} = \frac{\omega^2 \cdot R_m \cdot h_{Lsp}^3}{v^2} \qquad \text{Gl. 5.4}$$

Aus der Taylor-Zahl kann die Nusselt-Zahl berechnet werden (siehe Gleichungen (Gl. 5.5) bis (Gl. 5.7)), welche Becker für drei verschiedene Bereiche aus experimentellen Daten ermittelt hat.

$$\mathrm{Nu} = 2 \qquad \text{für} \qquad \mathrm{Ta} < 1700 \qquad \text{Gl. 5.5}$$

$$\mathrm{Nu} = 0,128 \cdot \mathrm{Ta}^{0,367} \quad \text{für} \quad 1700 < \mathrm{Ta} < 10000 \qquad \text{Gl. 5.6}$$

$$\mathrm{Nu} = 0,409 \cdot \mathrm{Ta}^{0,241} \quad \text{für} \quad 10000 < \mathrm{Ta} < 10^7 \qquad \text{Gl. 5.7}$$

Der resultierende Wärmeübergangskoeffizient α für den Luftspalt ergibt sich gemäß Gleichung (Gl. 5.8). Dieser ist abhängig von der Nusselt-Zahl Nu, der Wärmeleitfähigkeit des Fluids λ und der Luftspalthöhe h_{Lsp}.

$$\alpha = \frac{\mathrm{Nu} \cdot \lambda}{2 \cdot h_{Lsp}} \qquad \text{Gl. 5.8}$$

Es ist bekannt, dass sich ab einer gewissen Drehzahl Taylor-Wirbel (strömungsmechanisches Instabilitätsphenomen) ausbilden, welche den Wärmeübergang verbessern. Hayase [53] untersuchte den Einfluss von Stator- und Rotornuten numerisch. Er zeigte, dass sich der Wärmeübergang bei großen Drehzahlen um 10-20 % verbessert. Des Weiteren ist bekannt, dass sich der Wärmeübergang durch Rauigkeiten verbessert. Im vorliegenden thermischen Modell wird ein aus Bosch-internen Messungen gewonnener Korrekturfaktor drehzahlabhängig in Höhe von bis zu 1,5 beaufschlagt, um die genannten Effekte abzubilden [68].

Verlusteinspeisung und Verlustskalierung

Die (lokale) Verlusteinspeisung, sowie die Verlustskalierung in Abhängigkeit
der sich ändernden Temperatur ist innerhalb dieser Arbeit von wesentlicher
Bedeutung. Der hohe Diskretisierungslevel und die damit verbundene große
Anzahl an Netzwerkknoten ermöglicht eine lokale Verlusteinspeisung, wie sie
im weiteren Verlauf der Arbeit benötigt wird. Um die Temperaturabhängigkeit der auftretenden Verluste zu berücksichtigen, werden diese direkt im thermischen Modell skaliert. Hierzu wird wiederum direkt die lokale Temperatur
verwendet. Die benötigte lokale Diskretisierung der Verlusteinprägung sowie
das temperaturabhängige Verhalten werden im weiteren Verlauf der Arbeit für
die untersuchten Verlustanteile analysiert.

5.2 FEM-Modell für gezielte Analysen zur Verlustübergabe

Da das oben gezeigte thermische Netzwerkmodell parallel zu dieser Arbeit
entstanden ist, sind einige Einzeluntersuchungen innerhalb dieser Arbeit noch
nicht möglich gewesen. Aus diesem Grund wird an den entsprechenden Stellen
auf das kommerzielle FEM-Programm JMAG zurückgegriffen. Da dieses Tool
auch für die Verlustberechnung eingesetzt wird, sind die benötigten Modelle
bereits vorhanden. Zudem ermöglicht dieses Programm eine direkte Kopplung
zwischen der elektromagnetischen und thermischen Domäne, welche zur Untersuchung der lokalen Verlusteinspeisung verwendet wird. Wie vorab erläutert, sind klassische thermische Netzwerkmodelle durch eine gewisse geometrische Diskretisierung gekennzeichnet. Das Ziel dieser Arbeit besteht auch darin,
die hinsichtlich der Verlustübergabe notwendige lokale Diskretisierung für genaue Temperaturvorhersagen zu ermitteln. Innerhalb des FEM-Programms besteht die Möglichkeit, die Verluste sowohl in jedem Netzelement (=Referenz-
lösung) als auch in definierten Bereichen, beziehungsweise komplett homogen
verteilt, in die thermische Domäne zu übergeben. Auf Basis dieser Vorgehensweise kann die notwendige Verlustdiskretisierung ermittelt werden. Im Verlauf
dieser Arbeit werden die einzelnen Verlustarten nacheinander diesbezüglich
untersucht. Hierbei wird die Annahme getroffen, dass die für eine einzelne Ver-

lustart ermittelte geometrische Verlustaufteilung auch unter Berücksichtigung aller auftretenden Verluste gültig ist. Weitergehend werden der Rotor und Stator getrennt analysiert. Entsprechende Wärmeübergänge werden über geeignete Randbedingungen definiert. Auf komplexe Gesamtmaschinenmodelle wird hier bewusst verzichtet, da rein der Einfluss der Verlustverteilung und der lokalen Verlustübergabe im Fokus steht. Je nach Situation werden zwei- oder dreidimensionale Modelle verwendet. Im Folgenden sollen die für die später durchgeführten Analysen definierten Randbedingungen dargestellt werden:

- **Rechennetz:** Es wird für beide Domänen (Elektromagnetik und Thermik) das identische Netz verwendet.

- **Symmetriebedingung:** Da von einer symmetrischen Maschine ausgegangen wird, wird das aus elektromagnetischer Sicht kleinstmögliche Symmetriemodell verwendet. In der thermischen Domäne wird an den tangentialen Randbereichen eine Symmetriebedingung angebracht.

Da Stator und Rotor unabhängig voneinander untersucht werden, können entsprechend unterschiedliche Starttemperaturen und Randbedingungen zur Umgebung festgelegt werden.

- **Stator:**

  - **Initialtemperatur:** Da im weiteren Verlauf auch die Temperaturabhängigkeit der Kupferverluste und damit entsprechende Skalierungsformeln untersucht werden, wird die Statorstarttemperatur entsprechend niedrig, auf $T_{Stator,init.} = 20\ °C$, gesetzt. Dies entspricht der Situation beim Start einer anfänglich kalten Maschine.

  - **Randbedingung am Statoraußendurchmesser:** Hier befindet sich der Kühlmantel der Maschine. Entsprechend zu der Initialtemperatur des Stators wird eine mittlere Kühlwassertemperatur von $T_{KW} = 20\ °C$ ($T_{KW} = \frac{T_{KW,ein}+T_{KW,aus}}{2}$) angenommen. Diese wird als Temperaturrandbedingung angebracht.

  - **Randbedingung zum Luftspalt:** Für die Untersuchungen am Stator wird davon ausgegangen, dass der Rotor nur verhältnismäßig wenig Wärme an den Stator abgibt. Aus diesem Grund wird vereinfacht eine adiabate Randbedingung gesetzt.

• **Rotor:**

– **Initialtemperatur:** Für die Untersuchungen am Rotor wird eine auf Erfahrungswerten basierende mittlere Betriebstemperatur von $T_{Rotor,init.} = 120\,°C$ als Starttemperatur gewählt.

– **Randbedingung am Rotorinnendurchmesser:** Am Übergang zur Maschinenwelle wird innerhalb der FEM-Simulation eine Temperaturrandbedingung ($T = 120\,°C$) gesetzt. Die genannte Temperatur ist ebenfalls auf Erfahrungswerte zurückzuführen. Allgemein wird somit der für die Magnete eher ungünstige Fall betrachtet.

– **Randbedingung zum Luftspalt:** Für die Untersuchungen am Rotor wird der Wärmeübergang gemäß Abschnitt 5.1.4 analytisch abgeschätzt. Für die definierte Referenztemperatur von $T = 120\,°C$ und einer Drehzahl von $n = 12000\,\frac{U}{min}$ ergibt sich ein Wärmeübergangskoeffizient von 125 $\frac{W}{m^2K}$.

6 Verlustanalyse und Schnittstelle zur thermischen Simulation

6.1 Kupferverluste

6.1.1 Verlustmechanismen

Als Kupfer- oder Wicklungsverluste werden alle in der Wicklung einer elektrischen Maschine auftretenden Stromwärmeverluste bezeichnet. Diese resultieren aus dem spezifischen Widerstand und den geometrischen Abmessungen des stromdurchflossenen Materials, sowie der anliegenden Stromstärke. Je nach Maschinentyp variiert die Art und Anzahl der Wicklungen. Stromwärmeverluste in notwendigen Anschlussleitungen werden im Allgemeinen auch als Kupferverluste bezeichnet und müssen in der Verlustbilanz berücksichtigt werden. In der Praxis werden die Kupferverluste oft hinsichtlich ihres Entstehungsortes unterschieden. Hier kann zwischen Aktivteil (innerhalb des Blechpaketes beziehungsweise innerhalb der Nut) und Wickelkopf unterschieden werden. Generell können die Kupferverluste auf diversen Verlustmechanismen basieren, welche im Folgenden erläutert werden.

Klassisch-ohmsche Verluste

Die klassisch-ohmschen Verluste, in der Literatur [31, 79, 124] oft auch als DC-Verluste bezeichnet, sind hinlänglich bekannt und Stand der Technik. Auf Basis der bekannten Abmessungen eines elektrischen Leiters, des spezifischen Widerstandes und der Stromstärke kann die Verlustleistung im Gleichstromfall ($I = I_{DC}$) gemäß Gleichung (Gl. 6.1) berechnet werden. Unter Annahme einer homogenen Stromdichte im Wechselstromfall gilt Gleichung (Gl. 6.1)

© Springer Fachmedien Wiesbaden GmbH, ein Teil von Springer Nature 2019
D. Bauer, *Verlustanalyse bei elektrischen Maschinen für Elektro- und Hybridfahrzeuge zur Weiterverarbeitung in thermischen Netzwerkmodellen*, Wissenschaftliche Reihe Fahrzeugtechnik Universität Stuttgart, https://doi.org/10.1007/978-3-658-24272-5_6

unter Berücksichtigung der effektiven Stromstärke. Der Effektivwert spiegelt in diesem Fall eine äquivalente Gleichgröße wider ($I = I_{eff}$).

$$P_{V,Cu,ohmsch} = P_{V,Cu,DC} = I^2 \cdot R = I^2 \cdot \rho \frac{l}{A} \qquad \text{Gl. 6.1}$$

Durch Wirbelströme hervorgerufene Zusatzverluste

Bei niedrigen Frequenzen ist die Stromdichte eines stromführenden Leiters über dessen Querschnitt konstant. Treten jedoch Wechselströme hoher Frequenz auf, bzw. werden stromführende Leiter von einem hochfrequenten magnetischen Wechselfeld durchsetzt, so entstehen Wirbelströme innerhalb der Leiter. Diese wirken sich auf die resultierende Stromdichteverteilung aus und führen, bei gleichem effektivem Strom, zu einer Verlusterhöhung. Für diesen Fall muss die mittlere Verlustleistung $P_{V,Cu,ges}$ auf Basis des lokalen elektrischen Feldes und der lokalen Stromdichte mittels Gleichung (Gl. 6.2) berechnet werden. Hierbei stellen E und J die Effektivwerte der sinusförmigen Größen $E(t)$ und $J(t)$ dar.

$$P_{V,Cu,ges} = P_{V,Cu,AC} = \iiint\limits_V E \cdot J \mathrm{d}V \qquad \text{Gl. 6.2}$$

Da die Kupferverluste nun zusätzlich einen durch frequenzabhängige Effekte entstandenen Verlustanteil aufweisen, werden diese als AC-Verluste $P_{V,Cu,AC}$ bezeichnet. Unter Berücksichtigung von Gleichung (Gl. 6.3) und der Annahme, dass in axialer Richtung über die Länge l keine Veränderung der vorliegenden Eigenschaften auftritt, ergibt sich Gleichung (Gl. 6.4).

$$J = \sigma \cdot E \qquad \text{Gl. 6.3}$$

$$P_{V,Cu,AC} = \frac{l}{\sigma} \iint\limits_A J^2 \mathrm{d}A \qquad \text{Gl. 6.4}$$

Die genannten Wirkprinzipien sind innerhalb der Literatur bekannt [20, 22, 85]. Hinsichtlich der hohen elektrischen Frequenzen in elektrischen Maschinen für Elektro- und Hybridfahrzeuge sind diese Effekte von großer Bedeutung und wurden in den vergangenen Jahren von diversen Autoren untersucht [8, 31,

50, 57, 72]. Die genannten frequenzabhängigen Zusatzverluste können durch verschiedene Ursachen hervorgerufen werden, welche im Folgenden näher beschrieben werden.

Skin-Effekt

Der Skin-Effekt (dt.: Haut-Effekt) beschreibt die inhomogene Stromdichteverteilung, welche durch den im Leiter selbst fließenden Wechselstrom generiert wird. Abb. 6.1 zeigt vereinfachend das Wirkprinzip: Ausgehend von einem Wechselstrom ergibt sich ein magnetisches Wechselfeld. Durch dieses zeitlich veränderliche Feld werden Wirbelströme im leitfähigen Wicklungsmaterial induziert. Diese sind entgegen ihrer Ursache, dem von außen eingeprägten Wechselstrom, gerichtet. Diese Ausrichtung führt, unter Berücksichtigung der ursprünglich homogenen Stromdichte, zu einer radial nach außen zunehmenden Stromdichte. Man spricht von Stromverdrängung zum Leiterrand hin. Aufgrund Gleichung (Gl. 6.4) führt die inhomogene Stromdichteverteilung bei unverändertem Gesamtstrom zu höheren Verlusten. Ein zweiter Effekt, welcher in der Literatur oft vernachlässigt wird, ist die sich durch Wirbelströme ergebende betragsmäßig erhöhte Stromsumme. Diese zieht, neben der Stromverdrängung zum Leiterrand, auch eine Verlusterhöhung nach sich. So ergeben sich beispielsweise zum Zeitpunkt des Stromnulldurchgangs aufgrund der Wirbelströme lokale Ströme, die zu Verlusten führen. Die genannten Effekte werden anhand des nachfolgend aufgeführten Beispiels erläutert. Es wird ein Leiter (Durchmesser $d = 3$ mm, Länge $l = 100$ mm) von einem rein sinus-

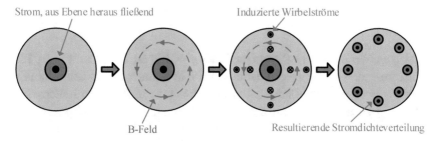

Strom, aus Ebene heraus fließend Induzierte Wirbelströme

B-Feld Resultierende Stromdichteverteilung

Abbildung 6.1: Vereinfachte Wirkprinzipdarstellung des Skin-Effekts

$j(t_1)$ in $\frac{\text{A}}{\text{mm}^2}$

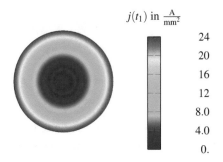

24
20
16
12
8.0
4.0
0.

Abbildung 6.2: Konturplot der Stromdichte in einem Leiter bei $d = 3$ mm, $\hat{I} = 100$ A, $f = 10$ kHz und $t_1 = 68$ μs. Zum Vergleich dazu: $\hat{J}_{DC} = 14,147 \frac{\text{A}}{\text{mm}^2}$

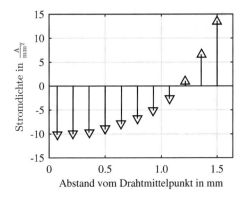

Abbildung 6.3: Stromdichte in Abhängigkeit vom Zentrumsabstand zum Zeitpunkt $t_2 = 0$ mit $i(t_2) = 0$

förmigen Wechselstrom (Stromamplitude $\hat{I} = 100$ A, Frequenz $f = 10$ kHz) durchflossen. Abb. 6.2 zeigt die mittels FEM berechnete Stromdichte zum Zeitpunkt $t_1 = 68$ μs. Die erläuterte Stromverdrängung in Richtung Leiterrand ist eindeutig zu erkennen. Abb. 6.3 zeigt die Stromdichte zum Zeitpunkt $t_2 = 0$ mit $i(t_2) = 0$. Es ist zu erkennen, dass selbst hier lokale Ströme auftreten, welche Verluste erzeugen.

Proximity-Effekt

Wird ein Leiter von einem magnetischen Wechselfeld durchsetzt, welches nicht durch ihn selbst hervorgerufen wird, sondern beispielsweise durch benachbarte Leiter, so ergibt sich wiederum eine inhomogene Stromdichteverteilung. Dieser Effekt wird in der Literatur [22, 57, 79, 126] als Proximity-Effekt (dt.: Nachbarschafts-Effekt) bezeichnet. Abb. 6.4 zeigt ein einfaches Beispiel aus 16 zusammenliegenden Leitern ($d_{Draht} = 2$ mm), um den genannten Effekt zu verdeutlichen. Die inhomogene Stromdichteverteilung, die durch das resultierende Magnetfeld entsteht, ist deutlich zu erkennen. Es ist zu erwähnen, dass weiterhin ein gewisser Verlustanteil dem Skin-Effekt zuzuordnen ist.

$$j(t = 0,68 \text{ ms}) \text{ in } \tfrac{\text{A}}{\text{mm}^2}$$

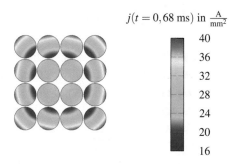

$$\begin{array}{r} 40 \\ 36 \\ 32 \\ 28 \\ 24 \\ 20 \\ 16 \end{array}$$

Abbildung 6.4: Konturplot der Stromdichte in 16 von Luft umgebenen Drähten zum Zeitpunkt $t = 0,68$ ms ($d_{Draht} = 2$ mm, $\hat{I}_{Draht} = 100$ A und $f = 1$ kHz). Zum Vergleich: $\hat{J}_{DC} = 31,831 \tfrac{\text{A}}{\text{mm}^2}$

Proximity-Effekt in elektrischen Maschinen

Da Wicklungen in elektrischen Maschinen manchmal aus vielen einzelnen, parallelen Drähten aufgebaut sind, kann der Proximity-Effekt relevant sein. Generell sind zwei verschiedene Szenarien zu unterscheiden: Während im aktiven Teil der Maschine die Drähte von magnetisch gut leitfähigen Elektroblechen umgeben sind, sind die Leiter im Wickelkopf von Luft umgeben. Aufgrund dieser Randbedingungen kommt es zu unterschiedlichen magnetischen Feldstärken und Feldverläufen, welche die Stromdichteverteilung im Draht beein-

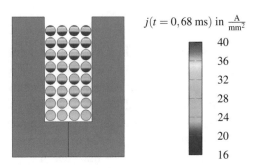

$j(t = 0,68 \text{ ms})$ in $\frac{\text{A}}{\text{mm}^2}$

40

36

32

28

24

20

16

Abbildung 6.5: Konturplot der Stromdichte zum Zeitpunkt $t = 0,68$ ms ($d_{Draht} = 1$ mm, $\hat{I}_{Draht} = 22,2$ A und $f = 1$ kHz). Zum Vergleich: $\hat{j}_{DC} = 28,27 \frac{\text{A}}{\text{mm}^2}$

flussen. Durch die hohe Permeabilität von Eisen treten innerhalb der Nut deutlich höhere magnetische Feldstärken als im Wickelkopf auf. Deswegen wird an dieser Stelle ein Beispiel aus dem aktiven Teil der Maschine vorgestellt. Abb. 6.5 zeigt eine einfache Nutgeometrie ($h_{Nut} = 13,3$ mm, $b_{Nut} = 4,7$ mm, $\mu_{Fe} = \infty$), in welcher 32 Runddrähte ($d_{Draht} = 1$ mm) angeordnet sind. Alle Leiter sind in Reihe verschaltet und führen einen Strom $I = 15,7$A bei der Frequenz $f = 1$ kHz. Das magnetische Feld im Bereich der Leiter, das Nutstreufeld, steigt aufgrund des umgebenden Eisens vom Nutgrund in Richtung Nutöffnung an. Somit treten im Bereich der Nutöffnung die größten lokalen Stromdichten auf (vgl. Abb. 6.5). Hinsichtlich der resultierenden Verluste können auch Effekte wie Sättigungserscheinungen im Eisen, die Nutform und die magnetische Wirkung des Rotors eine zu beachtende Rolle spielen. Ein Teil dieser Einflüsse wird im weiteren Teil der Arbeit untersucht und erläutert.

Kreisströme in Folge ungeeigneter Drahtlage

Zur Verringerung der beiden zuvor genannten Stromverdrängungseffekte und aus fertigungstechnischen Gründen (Handhabbarkeit bezüglich Fertigung der Wicklung) wird in der Praxis der Drahtdurchmesser verringert [38, 98]. Dies führt zu einer steigenden Anzahl an parallelen Drähten um die Durchflutung der Maschine konstant zu halten bzw. die maximale Stromdichte zu begren-

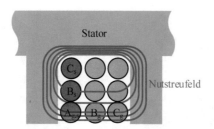

Abbildung 6.6: Vereinfachtes Beispiel zur Darlegung des Einflusses der Drahtlage bei Verwendung von drei parallelen Drähten. Grün (Drähte $A_g - C_g$) symbolisiert die gute und Rot (Drähte $A_s - C_s$) die schlechte Drahtlage

zen. Bei einer parallelflankigen Nut steigt das Nutquerfeld nahezu linear in Richtung Nutöffnung an. Sind parallel verschaltete, einzelne Drähte mit unterschiedlichen Flüssen verkettet, so treten in den parallelen Drähten zusätzlich unterschiedliche induzierte Spannungen auf. Diese treiben Ströme, welche sich innerhalb der Parallelschaltung schließen (Kreisströme). Dies führt neben den genannten Skin- und Proximity-Effekten ebenfalls zu erhöhten Verlusten in der Wicklung. Abb. 6.6 zeigt schematisch die erläuterte Thematik für eine Wicklung mit drei Windungen aus je drei parallelen Drähten (A-C). Im „guten" Zustand liegen die parallelen Drähte ($A_g - C_g$) auf einer radialen Ebene. Im „schlechten" Fall liegen die parallelen Drähte ($A_s - C_s$) radial übereinander, sodass jeder parallele Draht einer Windung mit einem anderen magnetischen Fluss verkettet ist. Für das oben gezeigte Beispiel (vgl. Abb. 6.5) mit 32 Drähten wird nun davon ausgegangen, dass sich die Wicklung aus acht Windungen mit je vier parallelgeschalteten Drähten zusammensetzt. Abb. 6.7a zeigt die Drahtlage bei optimaler Anordnung und Abb. 6.7b eine schlechte Anordnung. Hier wird die Annahme getroffen, dass die parallelen Drähte einer Windung beieinander liegen. In Einzugwicklungen ist die Lage der einzelnen Drähte im Normalfall chaotisch und unbekannt. Mögliche Induktivitäten und Widerstände des Wickelkopfes werden an dieser Stelle vernachlässigt. Berechnete Stromverläufe für dieses Beispiel zeigt Abb. 6.7c. Die sich ergebenden Kreisströme sowie die zunehmende Stromsumme innerhalb der Drähte der schlechten Drahtlage ($A_s - D_s$) sind eindeutig identifizierbar. Dem gegenüber fließt im guten Fall der identische Strom in allen Drähten. Es bleibt zu erwähnen, dass

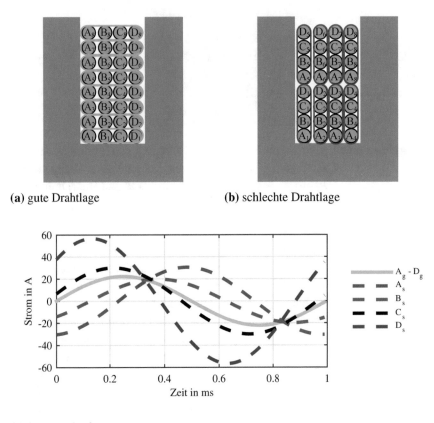

(a) gute Drahtlage   **(b)** schlechte Drahtlage

(c) Stromverläufe

Abbildung 6.7: Vergleich gute/schlechte Drahtlage im Beispiel mit 8 Windungen zu je 4 parallelen Drähten

die Qualität der Drahtlage von der Ausrichtung des Streufeldes und damit von der gewählten Wicklung und Nutform abhängig ist. Für eine Einzelzahnwicklung (z.B. $q = 0,5$) und extrem breite Nuten ergeben sich andere Drahtlagen, die hinsichtlich minimaler Verluste das Optimum darstellen [41].

Einführung Verlustverhältnis

In der Literatur ist es üblich, die zusätzlichen Wirbelstromverluste (Skin-Effekt, Proximity-Effekt und Kreisströme) in der Wicklung durch das Verlustverhältnis k_n darzustellen [20, 22]:

$$k_n = \frac{P_{V,Cu,ges}}{P_{V,Cu,klassisch}} = \frac{P_{V,Cu,AC}}{P_{V,Cu,DC}} = \frac{P_{V,Cu,DC} + P_{V,Cu,Zusatz}}{P_{V,Cu,DC}} \qquad \text{Gl. 6.5}$$

Bei $k_n = 1$ treten keine zusätzlichen Verluste durch Wirbelströme auf (somit $P_{V,Cu,Zusatz} = 0$) und die Kupferverluste ergeben sich rein aus den klassisch-ohmschen Verlusten. Ergibt sich $k_n > 1$, ist eine Verluststeigerung durch Wirbelströme zu erkennen. In vielen Literaturstellen wird von AC- ($P_{V,Cu,AC}$) und DC- ($P_{V,Cu,DC}$) Verlusten gesprochen. Die AC-Verluste beinhalten hierbei alle auftretenden Verlusteffekte inklusive der genannten frequenzabhängigen Zusatzverluste. Die DC-Verluste sind als der klassisch-ohmsche Verlustwert definiert.

Zusammenfassung der Verlusteffekte

Für die Kupferverluste einer elektrischen Maschine sind neben den klassisch-ohmschen Verlusten diverse Wirbelstromeffekte verantwortlich:

Skin-Effekt   Stromverdrängung, hervorgerufen durch den im Leiter selbst fließenden Wechselstrom   **Proximiy-Effekt**   Stromverdrängung, hervorgerufen durch ein „globales" magnetisches Wechselfeld (z.B. durch benachbarte Leiter)   **Kreisströme**   Durch Kreisströme hervorgerufene Zusatzverluste, welche aus der ungünstigen Drahtlage parallel verschalteter Drähte resultieren

Alle genannten Wirbelstromeffekte sind von der zeitlichen magnetischen Feldänderung und damit von der Frequenz abhängig. Durch den Einsatz hoher elektrischer Frequenzen im Bereich der elektrischen Maschinen für Hybrid-

und Elektrofahrzeuge sind diese Effekte zwingend zu beachten. Des Weiteren kann die Taktung des Umrichters zu berücksichtigende Stromoberschwingungen hoher Frequenz erzeugen.

6.1.2 Stand der Technik - Kurzzusammenfassung

Die in den Wicklungen auftretenden Verluste, zusammengesetzt aus klassischohmschen Verlusten und frequenzabhängigen Verlusten (Skin- und Proximity-Effekt, Kreisströme durch parallele Drähte) sind in der Literatur bekannt [7, 8, 9, 10, 20, 22, 28, 31, 39, 61, 85, 98]. Für deren Berechnung sind sowohl analytische [10, 20, 22, 72, 85], als auch FEM-basierte Methoden gängig [10, 39, 79]. Durch die steigenden elektrischen Frequenzen bei Maschinen für Elektro- und Hybridfahrzeuge gewinnen die frequenzabhängigen Effekte zunehmend an Relevanz. Aufgrund dessen sind diesbezüglich in den letzten Jahren viele Untersuchungen und Beiträge, unter anderem im Rahmen dieser Arbeit entstanden [4, 5, 7, 8, 9, 10, 31, 39]. Jedoch finden sich nur sehr wenige messtechnische Untersuchungen hinsichtlich der genannten Effekte. Speziell die Problematik der Drahtlage bei parallelen Drähten und daraus resultierender Ausgleichsströme ist für derartige Maschinen messtechnisch nur teilweise untersucht worden [65]. Hierzu wird im Verlauf der Arbeit ein entsprechendes, ausführliches Messverfahren vorgestellt und validiert.

Hinsichtlich der Verlustübergabe zur thermischen Domäne wird üblicherweise eine homogene Verlustverteilung angenommen [17, 23, 47]. Innerhalb dieser Arbeit wird gezeigt, dass dies aufgrund der genannten frequenzabhängigen Effekte für eine genaue thermische Simulation unzureichend ist. Gleiche Schlussfolgerungen sind auch zeitgleich zu dieser Arbeit entstandenen Veröffentlichungen [4, 45, 78, 92] zu entnehmen. Diese basieren jedoch rein auf numerischen Einzelrechnungen. Im Folgenden wird eine universelle Schnittstelle erarbeitet, welche die notwendige lokale Verlustinformation ins thermische Netzwerkmodell übergibt. Der analytische Formelsatz wird dahingehend erweitert, so dass dieser diese Schnittstelle auch entsprechend speisen kann. Des Weiteren ist es allgemein üblich, die insgesamt auftretenden Kupferverluste linear in Abhängigkeit von der mittleren Kupfertemperatur zu skalieren. Im später folgenden Abschnitt 6.1.5 wird die Nichtlinearität der frequenzabhängigen Effekte gezeigt. Eine erweiterte Formel zur Verlustskalierung wird erarbeitet und validiert. Zudem wird herausgearbeitet, dass die Skalierung lokal und getrennt nach den einzelnen Verlustanteilen durchgeführt werden muss.

6.1.3 Berechnungsgrundlagen

Analytische Berechnung des Skin-Effekts

Zur analytischen Berechnung des Skin-Effekts in einem Runddraht muss die lokale Stromdichte ermittelt werden [22]. Ausgangspunkt sind die Maxwellschen Gleichungen in Integralform (siehe Gleichungen (Gl. 6.6) bis (Gl. 6.9)),

$$\oint_{\partial A} \vec{E} \cdot \mathrm{d}\vec{s} = - \iint_A \frac{\partial \vec{B}}{\partial t} \cdot \mathrm{d}\vec{A} \qquad \text{Gl. 6.6}$$

$$\oiint_{\partial V} \vec{D} \cdot \mathrm{d}\vec{A} = \iiint_V \rho \cdot \mathrm{d}V \qquad \text{Gl. 6.7}$$

$$\oint_{\partial A} \vec{H} \cdot \mathrm{d}\vec{s} = \iint_A \left(\vec{J} + \frac{\partial \vec{D}}{\partial t} \right) \cdot \mathrm{d}\vec{A} \qquad \text{Gl. 6.8}$$

$$\oiint_{\partial V} \vec{B} \cdot \mathrm{d}\vec{A} = 0 \qquad \text{Gl. 6.9}$$

sowie die entsprechenden Materialgleichungen:

$$\vec{B} = \mu \vec{H} \quad \text{Gl. 6.10} \qquad \vec{D} = \varepsilon \vec{E} \quad \text{Gl. 6.11} \qquad \vec{J} = \sigma \vec{E} \quad \text{Gl. 6.12}$$

Für die analytische Herleitung gelten folgende Besonderheiten:

$$\text{keine freien Ladungen:} \qquad \rho = 0 \qquad \text{Gl. 6.13}$$

$$\text{Verschiebungsstrom vernachlässigbar:} \qquad \dot{\vec{D}} \ll \vec{J} \qquad \text{Gl. 6.14}$$

$$\text{abschnittsweise konst. Materialien:} \qquad \mu, \varepsilon, \sigma = \text{const.} \qquad \text{Gl. 6.15}$$

Es wird ein kreisförmiger, langer in z-Richtung zeigender Leiter, welcher sich im homogenen Gesamtraum befindet, angenommen. Damit handelt es sich um

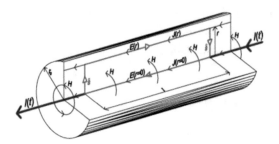

Abbildung 6.8: Elektrische und magnetische Felder im stromdurchflossenen
Leiter [22]

ein ebenes Problem und für die folgende Herleitung kann von einer Rotationssymmetrie ausgegangen werden. Unter Berücksichtigung des Durchflutungs-
gesetzes Gleichung (Gl. 6.8) und dem vernachlässigbaren Verschiebungsstrom
gilt

$$2\pi r H(r,t) = \int_0^r J(r',t)2\pi r' \mathrm{d}r' = 2\pi\sigma \int_0^r E(r',t)r' \mathrm{d}r'. \qquad \text{Gl. 6.16}$$

Durch Differenzieren erhält man:

$$\frac{\partial H(r,t)}{\partial r} + \frac{1}{r}H(r,t) = \sigma E(r,t) = J(r,t) \qquad \text{Gl. 6.17}$$

Der magnetische Fluss innerhalb des Leiters muss dem Induktionsgesetz entsprechen. Aufgrund der Rotationssymmetrie ist es ausreichend, das in Abb. 6.8
dargestellte Rechteck (Länge l, Höhe r), welches senkrecht vom Fluss durchsetzt wird, zu betrachten. Hierfür gilt:

$$\phi = \int_0^r B(r',t)l\mathrm{d}r' = \mu l \int_0^r H(r',t)\mathrm{d}r' \qquad \text{Gl. 6.18}$$

Das elektrische Feld kann gemäß Gleichung Gl. 6.6 wie folgt berechnet werden:

$$\oint_{\partial A} \vec{E} \cdot \mathrm{d}\vec{s} = [E(r',t)]_{r'=0} \cdot l - [E(r',t)]_{r'=r} \cdot l$$

$$\hspace{3cm} \text{Gl. 6.19}$$

$$= -\frac{\mathrm{d}\phi(r,t)}{\mathrm{d}t} = -\mu l \frac{\mathrm{d}}{\mathrm{d}t} \int_0^r H(r',t)\mathrm{d}r'$$

Entsprechend dem Durchflutungssatz muss der Integrationspfad die magnetischen Feldlinien gemäß Abb. 6.8 umschließen. Die radialen Seitenlinien liefern wegen der axialen elektrischen Feldstärke keinen Beitrag zu den jeweiligen Integralen. Durch Differenzieren der Gleichung Gl. 6.19 nach r, ergibt sich:

$$\frac{\partial E(r,t)}{\partial r} = \mu \frac{\partial H(r,t)}{\partial t} \qquad \text{Gl. 6.20}$$

Gleichung (Gl. 6.17) und Gleichung (Gl. 6.20) beschreiben nun zwei getrennt voneinander geltende Abhängigkeiten zwischen dem elektrischen und magnetischen Feld innerhalb des betrachteten Leiters. Wird nun Gleichung (Gl. 6.17) nach t differenziert und in Gleichung (Gl. 6.20) eingesetzt, so ergibt sich:

$$\frac{\partial^2 E(r,t)}{\partial r^2} + \frac{1}{r}\frac{\partial E(r,t)}{\partial r} = \sigma\mu\frac{\partial E(r,t)}{\partial t} \qquad \text{Gl. 6.21}$$

Unter der Annahme sinusförmiger Größen kann die komplexe Schreibweise verwendet werden, welche die Ableitung von Gleichung Gl. 6.21 nach t vereinfacht. Zudem wird die Gleichung mit r^2 multipliziert, um die Normalform zu erhalten. Ab hier stellen $\underline{E}$ und $\underline{H}$ komplexe Effektivwertzeiger dar.

$$r^2\frac{\mathrm{d}^2\underline{E}(r)}{\mathrm{d}r^2} + r\frac{\mathrm{d}\underline{E}(r)}{\mathrm{d}r} - j\omega\sigma\mu r^2\underline{E}(r) = 0 \qquad \text{Gl. 6.22}$$

Folgende Substitutionen werden verwendet

$$\underline{\alpha}^2 = j\omega\sigma\mu \Rightarrow \underline{\alpha} = (1+j)\sqrt{\frac{1}{2}\omega\sigma\mu} \qquad \text{Gl. 6.23}$$

$$\underline{z} = \underline{\alpha}r \Rightarrow \mathrm{d}r = \frac{1}{\underline{\alpha}}\mathrm{d}z \qquad \text{Gl. 6.24}$$

um die modifizierte Bessel'sche Differentialgleichung zu erhalten:

$$\underline{z}^2\frac{\mathrm{d}^2\underline{E}(\underline{z})}{\mathrm{d}\underline{z}^2} + \underline{z}\frac{\mathrm{d}\underline{E}(\underline{z})}{\mathrm{d}\underline{z}} - \underline{z}^2\underline{E}(\underline{z}) = 0 \qquad \text{Gl. 6.25}$$

Diese hat die allgemeine Lösung:

$$\underline{E} = \underline{C}_1 \mathrm{I}_0(\underline{\alpha}r) + \underline{C}_2 \mathrm{K}_0(\underline{\alpha}r). \qquad \text{Gl. 6.26}$$

I_0 bzw. K_0 stellen die modifizierten Besselfunktionen 1. bzw. 2. Art und 0. Ordnung dar. Da K_0 in der Drahtmitte ($\underline{\alpha}r = 0$) einen Pol aufweist, kann diese nicht auftreten. Mit $\underline{C}_2 = 0$ vereinfacht sich Gleichung (Gl. 6.26) zu:

$$\underline{E} = \underline{C}_1 I_0(\underline{\alpha}r) \qquad \text{Gl. 6.27}$$

Auf Basis von $\underline{J} = \sigma\underline{E}$ ergibt sich

$$\underline{J} = \sigma\underline{C}_1 I_0(\underline{\alpha}r) = \underline{C} I_0(\underline{\alpha}r) \qquad \text{Gl. 6.28}$$

Im nächsten Schritt wird die Konstante $\underline{C}$ bestimmt. Hierfür wird folgende Beziehung genutzt:

$$\underline{I} = \int\limits_0^{r_0} \underline{J}(r) \cdot 2\pi r \mathrm{d}r = 2\pi\underline{C} \int\limits_0^{r_0} I_0(\underline{\alpha}r)\underline{\alpha}r \mathrm{d}\underline{\alpha}r \cdot \frac{1}{\underline{\alpha}^2} \qquad \text{Gl. 6.29}$$

Die Lösung des Integrals kann in [46] nachgeschlagen werden und ergibt sich zu:

$$\underline{I} = \frac{2\pi\underline{C}}{\underline{\alpha}^2} \cdot \underline{\alpha}r I_1(\underline{\alpha}r)\Big|_0^{\underline{\alpha}r_0} = \frac{2\pi r_0}{\underline{\alpha}} \cdot I_1(\underline{\alpha}r_0) \cdot \underline{C} \qquad \text{Gl. 6.30}$$

Daraus resultierend ergibt sich für die gesuchte Konstante:

$$\underline{C} = \frac{\underline{\alpha}I}{2\pi r_0} \cdot \frac{1}{I_1(\underline{\alpha}r_0)} \qquad \text{Gl. 6.31}$$

Durch Einsetzen der ermittelten Konstante in Gleichung (Gl. 6.28) ergibt sich für die Stromdichte folgender Zusammenhang:

$$\boxed{\underline{J}(\underline{\alpha}r) = \frac{\underline{\alpha}I}{2\pi r_0} \cdot \frac{I_0(\underline{\alpha}r)}{I_1(\underline{\alpha}r_0)}} \qquad \text{Gl. 6.32}$$

Hierbei gilt

$$\alpha = (1+j)\sqrt{\frac{\omega\sigma\mu}{2}} \overset{!}{=} \frac{1+j}{\delta} \qquad \text{Gl. 6.33}$$

$$\delta = \sqrt{\frac{2}{\omega\sigma\mu}} = \frac{1}{\sqrt{\pi f\sigma\mu}} \qquad \text{Gl. 6.34}$$

wobei δ der Eindringtiefe entspricht. Mit Hilfe der Eindringtiefe [22, 54] kann der Abstand von der Leiteroberfläche zu dem Punkt abgeschätzt werden, an welchem die Amplitude auf $\frac{1}{e}$ (ca. 36,8 %) gefallen ist. Ergibt sich die Eindringtiefe deutlich kleiner als der Leiterradius r_0, so sind Zusatzverluste durch den Skin-Effekt zu erwarten. Auf Basis dieser Größe ist für stromdurchflossene Leiter eine schnelle Aussage über die Relevanz des Effektes möglich. Unter Berücksichtigung der Eindringtiefe (siehe Gleichungen (Gl. 6.33) und (Gl. 6.34)) ergibt sich für die Stromdichteverteilung in einem Leiter, ausgehend von Gleichung (Gl. 6.32) folgender Zusammenhang:

$$\underline{J} = \frac{1+\mathrm{j}}{2} \cdot \frac{r_0}{\delta} \cdot \frac{I}{\pi r_0^2} \cdot \frac{\mathrm{I}_0(\underline{\alpha}r)}{\mathrm{I}_1(\underline{\alpha}r_0)} = \frac{1+\mathrm{j}}{2} \cdot \frac{r_0}{\delta} \cdot J_0 \cdot \frac{\mathrm{I}_0(\underline{\alpha}r)}{\mathrm{I}_1(\underline{\alpha}r_0)} \qquad \text{Gl. 6.35}$$

Hierbei entspricht J_0 einer homogenen Stromdichteverteilung, welche im DC-Fall auftritt oder dem Effektivwert im AC-Fall entspricht. Zur Kontrolle wird die Stromdichte bzw. die mittlere Verlustleistung für kleine Frequenzen bzw. kleine Drahtdurchmesser ermittelt ($\underline{\alpha}r \leq \underline{\alpha}r_0 \ll 1$):

$$\underline{J} = \frac{\alpha I}{2\pi r_0} \cdot \frac{\mathrm{I}_0(\underline{\alpha}r)}{\mathrm{I}_1(\underline{\alpha}r_0)} \approx \frac{\alpha I}{2\pi r_0} \cdot \frac{1}{\frac{1}{2}(\underline{\alpha}r_0)} = \frac{I}{\pi r_0^2} = J_0 \qquad \text{Gl. 6.36}$$

Gemäß Gleichung (Gl. 6.4) ergeben sich die mittleren Kupferverluste somit zu

$$P_{V,Cu,AC} = \frac{l}{\sigma} \iint\limits_A J_0^2 \mathrm{d}A = \frac{l}{\sigma} \left(\frac{I}{A_{Cu}}\right)^2 \cdot A_{Cu}$$

$$= \frac{l}{\sigma A_{Cu}} \cdot I^2 = R_{DC} \cdot I^2 = P_{V,Cu,DC}$$

Gl. 6.37

Im nächsten Schritt soll ein Beispiel mit hohen Frequenzen betrachtet werden: Abb. 6.9 stellt die effektive Stromdichteverteilung für das unter Abschnitt 6.1.1 genannte Beispiel dar. Zur Vergleichbarkeit wird im Post-Processing der FEM-Rechnung die effektive Stromdichte $J(r)$ berechnet. Wie zu erkennen ist, entsprechen die analytischen Werte nahezu denen der FEM-Simulation. Die erhöhten Verluste im Wechselstromfall sind in dieser Darstellung zu erkennen.

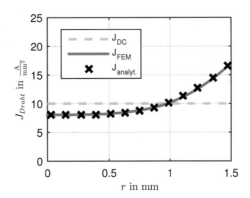

Abbildung 6.9: Darstellung der eff. Stromdichte in einem Leiter mit dem Radius $r_0 = 1,5$ mm, $\hat{I}_{Draht} = 100$ A und $f = 1$ kHz

Analytische Berechnung der Zusatzverluste in elektrischen Maschinen

Die im Folgenden verwendete analytische Methode zur Berechnung der Zusatzverluste in elektrischen Maschinen ist vielen Büchern und Konferenzbeiträgen [20, 85] zu entnehmen. Ausgehend vom Induktions- und Durchflutungsgesetz können Formeln hergeleitet werden, auf Basis derer die Verlustzunahme durch den Skin-/Proximityeffekt und ebenso durch Kreisströme berechnet werden können. Die gesamten Kupferverluste setzen sich wie folgt zusammen:

$$
\begin{aligned}
P_{V,Cu} &= P_{V,Cu,DC} + P_{V,Cu,Zusatz} \\
&= P_{V,Cu,DC} + P_{V,Prox} + P_{V,Kreis} \qquad \text{Gl. 6.38} \\
&= I^2 R_{DC} + P_{V,DC}(k_{n,Prox} - 1) + P_{V,DC}(k_{n,Kreis} - 1)
\end{aligned}
$$

Hierbei beschreibt $k_{n,Prox}$ die Verlustzunahme durch den Skin- und Proximity-Effekt[*], während $k_{n,Kreis}$ den Verlustanstieg durch Kreisströme darstellt. Ursprünglich wurde die Methode für rechteckige Leitergeometrien entwickelt. [22] zeigt die Transformation in runde Drähte. Da es sich bei diesem analytischen Modell um ein allgemein bekanntes Verfahren handelt, das den genannten Literaturstellen entnommen werden kann, sollen an dieser Stelle nur

---

[*]Es hat sich in der Literatur etabliert, Verluste durch den Skin-Effekt zu den Proximity-Verlusten zu zählen und soll aus diesem Grund hier genauso gehandhabt werden.

die für die Berechnung relevanten Formeln erwähnt und auf eine ausführliche Herleitung verzichtet werden.

Skin- und Proximity-Effekt Im folgenden Abschnitt werden die Formeln zur Berechnung des Skin- und Proximity-Effekts angeführt. Unter der Annahme, dass die Zusatzverluste im Wickelkopf zu vernachlässigen sind, ergibt sich der Verlustfaktor $k_{n,Prox}$ rein für die aktive Länge der Maschine und muss dementsprechend, gemäß den Längenverhältnissen, für die Gesamtmaschine angepasst werden:

$$k_{n,Prox} = \frac{k_{n,Prox,akt}l_{Fe} + l_{WK}}{l_{Fe} + l_{WK}} \qquad \text{Gl. 6.39}$$

Unter Verwendung von Gleichung (Gl. 6.40) kann der Verlustfaktor $k_{n,Prox,akt}$ ermittelt werden.

$$k_{n,Prox,akt} = \varphi(\beta_D) + \frac{z_h^2 - 1}{3}\psi(\beta_D) \qquad \text{Gl. 6.40}$$

Die Größe z_h entspricht der Anzahl an radial übereinander liegenden Drähten. φ und ψ stellen Hilfsfunktionen in Abhängigkeit der reduzierten Drahthöhe β_D dar, welche folgendermaßen definiert sind:

$$\varphi(\beta_D) = \beta_D \frac{\sinh(2\beta_D) + \sin(2\beta_D)}{\cosh(2\beta_D) - \cos(2\beta_D)} \qquad \text{Gl. 6.41}$$

$$\psi(\beta_D) = 2\beta_D \frac{\sinh(\beta_D) - \sin(\beta_D)}{\cosh(\beta_D) + cos(\beta_D)} \qquad \text{Gl. 6.42}$$

Die reduzierte Drahthöhe berechnet sich auf Basis des Drahtdurchmessers d_D, der Frequenz f und dem vorliegenden Kupferfüllfaktor k_{Cu}:

$$\beta_D = d_D \frac{\pi}{2}\sqrt{f\mu\sigma\sqrt{k_{Cu}}} \qquad \text{Gl. 6.43}$$

Hierbei gibt $\sqrt{k_{Cu}}$ ein Maß für die effektive Kupfer-Ausfüllung in tangentialer Richtung an. Für einen in der Nut liegenden Rechteckleiter würde sich dieses Maß zu $\frac{b_{Cu}}{b_{Nut}}$ ergeben. Der Faktor z_h ergibt sich unter der Annahme, dass alle Drähte gleichmäßig in der Nut verteilt sind, zu

$$z_h = h_{Nut}\sqrt{\frac{k_{Cu}}{A_D}}. \qquad \text{Gl. 6.44}$$

Dementsprechend kann auch die Anzahl an Drähten in tangentialer Richtung ermittelt werden:

$$z_b = b_{Nut} \sqrt{\frac{k_{Cu}}{A_D}} \qquad \text{Gl. 6.45}$$

Es wird darauf hingewiesen, dass $\varphi(\beta_D)$ die Verlusterhöhung durch den Skin-Effekt und $\psi(\beta_D)$ die Verlusterhöhung durch den Proximity-Effekt widerspiegelt. In [100] und [20] wird eine Formel angegeben, welche erlaubt, den Verlustfaktor für eine beliebige radiale Schicht S der Höhe h_S zu berechnen. Dies spielt für die spätere Analyse hinsichtlich der Verlusteinspeisung ins thermische Modell eine wichtige Rolle und soll deswegen hier angegeben werden:

$$k_{n,Prox,akt,Schicht} = \varphi(\beta_D) + \frac{I_u \cdot (I_u + I_{Schicht} \cdot \cos(\gamma))}{I_{Schicht}^2} \psi(\beta_D) \qquad \text{Gl. 6.46}$$

I_u entspricht dem Summenstrom unterhalb der betrachteten Schicht, $I_{Schicht}$ dem Summenstrom der betrachteten Schicht und γ dem Phasenwinkel zwischen I_u und $I_{Schicht}$. Dieser spielt jedoch nur im Falle einer gesehnten Wicklung eine Rolle, da sich dieser sonst zu 0 und damit $\cos(0) = 1$ ergibt.

Kreisströme Um die genannten Zusatzverluste durch eventuelle Kreisströme zu berechnen, werden prinzipiell die gleichen Formeln verwendet. Der Verlustfaktor $k_{n,Kreis}$ kann mittels Gleichung (Gl. 6.47) berechnet werden.

$$k_{n,Kreis} = \varphi(\beta_L) + \eta(\eta + 1)\psi(\beta_L) \qquad \text{Gl. 6.47}$$

Da die Kreisströme in der kompletten Spule fließen, ist eine Anpassung des Verlustfaktors, wie in Gleichung (Gl. 6.39) gezeigt, nicht nötig. Der Parameter η beschreibt die gegebene Wicklungskonfiguration bzw. die Lage der parallelen Drähte und stellt somit eine Art Lagenfaktor dar. Unter der Annahme, dass alle Drähte in jeder Nut gleich platziert sind und keine Verdrillung bzw. kein gezieltes Vertauschen stattfindet, ergibt sich η gemäß Gleichung (Gl. 6.48). m_t beschreibt hierbei die Anzahl der radial übereinanderliegenden Leiter (siehe Abb. 6.10).

$$\eta = \frac{m_t - 1}{2} \qquad \text{Gl. 6.48}$$

Andere Anordnungen der Drähte bzw. Wicklungsschemata können in [85] nachgeschlagen werden. Um die Kreisströme berechnen zu können, ist die

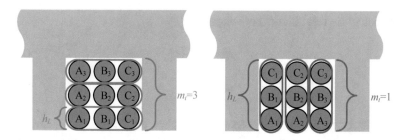

Abbildung 6.10: Beispielhafte Draht- und Leiteranordnungen zur Erklärung der Parameter; gute (li.) und schlechte (re.) Drahtlage

Paket- oder Leiterhöhe entscheidend. Hierbei beschreibt ein Paket beziehungsweise Leiter die Zusammenfassung aller parallelen Drähte einer Windung. Gleichung (Gl. 6.49) zeigt die Berechnung der reduzierten Leiterhöhe.

$$\beta_L = h_L \sqrt{f \mu \sigma \pi \frac{l_{Fe}}{l_{Fe} + l_{WK}}} \sqrt{k_{Cu}} \qquad \text{Gl. 6.49}$$

Hinsichtlich der Lage der parallelen Drähte sind verschiedene Szenarien denkbar, welche durch die Parameter m_t und h_L definiert werden müssen. Um die Bedeutung der Parameter besser darstellen zu können, wird ein einfaches Beispiel verwendet: Innerhalb einer Nut werden drei Leiter (1-3), bestehend aus jeweils drei parallelen Drähten (A-C) platziert. Abb. 6.10 zeigt das Beispiel und die resultierenden Parameter. h_L beschreibt die Leiterhöhe (radiale Richtung), während m_t die Anzahl an radial übereinander platzierten Paketen darstellt. Für das gezeigte Beispiel ist die Bestimmung trivial. Unter realen Bedingungen ist die Definition aufgrund nicht-rechteckförmiger Nuten, wechselnder bzw. teilweise zufälliger Drahtlagen und schwer definierbarer Drahtpakete schwierig. In dieser Arbeit werden Formeln entwickelt, die automatisch gute und schlechte Drahtlagen generieren. Diese gelten nur für ganzzahlige Lochzahlen. Sie ermöglichen zum einen die Einbindung der Berechnungsvorschrift in automatisierte Berechnungsprogramme von elektrischen Maschinen und zum anderen eine schnelle Aussage über die Relevanz des Effektes. Um eine gute Drahtlage zu erzeugen, besteht das Ziel darin, die parallelen Drähte eines Leiters möglichst auf einer radialen Ebene zu platzieren. Für diesen Fall können die

Parameter wie folgt berechnet werden:

$$h_L = \frac{a_{par}}{z_b} d_D \qquad \text{Gl. 6.50}$$

$$m_t = \frac{z_h z_b}{a_{par}} \qquad \text{Gl. 6.51}$$

Zur Generierung einer schlechten Drahtlage werden die parallelen Drähte radial übereinander angeordnet. Dies wird durch folgende Gleichungen dargestellt:

$$h_L = a_{par} d_D \qquad \text{Gl. 6.52}$$

$$m_t = \frac{z_h}{a_{par}} \qquad \text{Gl. 6.53}$$

An dieser Stelle wird darauf hingewiesen, dass diese Berechnung/Handhabung von guter und schlechter Drahtlage zu nicht ganzzahligen Zahlenwerten von m_t und h_L führen kann.

Abschätzung der Zusatzverluste im Wickelkopf   Wie weiter oben erläutert, ist die magnetische Induktion im Wickelkopf im Vergleich zum Nutbereich deutlich geringer. Aufgrund dessen und der normalerweise ausreichend klein gewählten Drahtdurchmesser sind die Zusatzverluste im Wickelkopf allgemein zu vernachlässigen. Jedoch kann es unter speziellen Randbedingungen zu einer Verluststeigerung (im Normalfall allerdings im Rahmen einiger Prozent) kommen. Aus Gründen der Vollständigkeit sollen deshalb in der Literatur aufgeführte Näherungsformeln bereitgestellt werden. Für ein Bündel von z-Drähten (Durchmesser d_D) ist in [100] folgende Näherungsformel zur Berechnung des Verlustfaktors im Wickelkopf angegeben:

$$k_{n,Prox,WK} = 1 + 0,005 \cdot z \cdot \left(\frac{d_D}{\text{cm}}\right)^4 \left(\frac{f}{50\,\text{Hz}}\right)^2 \qquad \text{Gl. 6.54}$$

[20] nähert die Zusatzverluste im Wickelkopf durch eine abgeänderte Nutform an und behält somit die oben gezeigte Berechnungsmethode bei. Dabei ändert sich für den Wickelkopf nur die reduzierte Drahthöhe:

$$\beta_{D,WK} = d_D \sqrt{\pi f \mu_0 \sigma \frac{b_{Nut}}{b_{Nut} + 1,2 h_{Nut}}} \qquad \text{Gl. 6.55}$$

Der weitere Berechnungsverlauf entspricht dem oben Genannten. Am Ende ergibt sich der Verlustfaktor $k_{n,Prox,WK}$ für den Wickelkopf. Durch die Berücksichtigung der Zusatzverluste im Wickelkopf muss der Verlustfaktor für die Gesamtmaschine $k_{n,Prox}$, angegeben in Gleichung (Gl. 6.39), gemäß Gleichung (Gl. 6.56) korrigiert werden:

$$k_{n,Prox} = \frac{k_{n,Prox,akt} \cdot l_{Fe} + k_{n,Prox,WK} \cdot l_{WK}}{l_{Fe} + l_{WK}} \qquad \text{Gl. 6.56}$$

Berücksichtigung von Stromoberschwingungen In den Dissertationen [22] und [72] wird auf Basis des gegebenen Berechnungsverfahrens auch die Berechnung der Verlustfaktoren, resultierend aus dem Proximity-Effekt $k_{n,Prox}$ durch Stromoberschwingungen, vorgestellt. Zurückgehend auf die Arbeiten von Venkatraman [118] ist es möglich, die Verluste durch Zerlegung des Stromsignals mittels Fourier-Analyse zu bestimmen. Somit ergibt sich folgende Formel zur Berechnung der Gesamtkupferverluste unter Berücksichtigung eines nicht sinusförmigen Stromverlaufes:

$$P_{V,Cu} = R_{DC} \cdot \left[I_{DC}^2 + \sum_{k=1}^{\infty} \left(I_k^2 \left(\varphi(\beta_{D,k}) + \frac{z_h^2 - 1}{3} \psi(\beta_{D,k}) \right) \right) \right] \qquad \text{Gl. 6.57}$$

Hierbei müssen die Verlustfaktoren für jede spektrale Komponente k des Stromsignals separat berechnet werden. Aus diesem Grund ergibt sich für jede Stromkomponente eine eigene reduzierte Leiterhöhe:

$$\beta_{D,k} = h_D \alpha_k = h_D \sqrt{f_k \pi \sigma \mu} \sqrt{k_{Cu}} = h_D \sqrt{k f_0 \pi \sigma \mu} \sqrt{k_{Cu}} \qquad \text{Gl. 6.58}$$

In [22] wird der gezeigte Formelsatz an realen Stromverläufen einer synchronen Reluktanzmaschine getestet. Die dabei festgestellten Abweichungen zwischen FEM und Analytik betragen weniger als 3 %.

Grenzen des analytischen Berechnungsansatzes Für die vorgestellte analytische Berechnungsmethode gibt es Einflüsse, die nicht korrekt nachgebildet werden können. Diese sollen an dieser Stelle kurz erläutert werden:

- **Sättigungserscheinungen:**
  Durch entsprechende Stromstärken kann es im Stator, speziell in den Zähnen, zu Sättigungserscheinungen kommen. Diese können verstärkend auf das Nutquerfeld wirken, so dass mögliche Zusatzverluste zunehmen. Durch die Annahme $\mu_{Fe} = \infty$ innerhalb der analytischen Formeln werden diese Effekte nicht berücksichtigt.

- **Einfluss Nutform:**
  Wie bereits geschildert werden in der Analytik parallelflankige Nuten angenommen. Durch trapezförmige Nuten wird die Ausprägung des Nutstreufeldes beeinflusst. Außerdem können vorhandene Zahnköpfe zu anderen Feldverläufen führen.

- **Einfluss Rotor:**
  Der Rotor kann die Feldverhältnisse in der Nut ausgehend von zwei Wirkprinzipien beeinflussen. Zum einen bietet sich über das Rotorblech ein magnetischer Rückschluss. Zum anderen erzeugen die Magnete während der Rotation Felder, welche nahe des Nutschlitzes durch Drähte verlaufen können und dort zusätzliche Verluste erzeugen.

- **Zweidimensionale Felder:**
  Die Analytik beschränkt sich für praktisch handhabbare Zusammenhänge auf eindimensionale Felder, welche senkrecht aus den Nutflanken austreten. Radial verlaufende Feldanteile werden daher in der Regel nicht berücksichtigt und können zu Abweichungen führen. Diese resultieren beispielsweise aus den genannten Effekten unter „Einfluss Nutform" und „Einfluss Rotor".

- **Drahtlage:**
  Wie bereits diskutiert wird im analytischen Modell von einer in jeder Nut gleichmäßigen, identischen Verteilung der Drähte ausgegangen. Diese exakten Lagen einzelner Drähte können in der Praxis oft nicht gewährleistet werden.

Generell ist festzuhalten, dass ein analytischer Berechnungsansatz vorhanden ist, welcher sich für den täglichen Gebrauch und eine automatisierte Maschinenauslegung eignet. Innerhalb dieser Arbeit zeigt sich, dass Abweichungen zwischen FEM und Analytik typischerweise bei kleiner 10 % liegen. Für exakte Verlustberechnungen und Wirkzusammenhangsanalysen einzelner Effekte sind FEM-Rechnungen jedoch unersetzlich. Allerdings besteht auch dort das Problem, dass die tatsächliche Drahtlage in realen Maschinen oft zufällig und nicht sicher reproduzierbar ist. Dies bedeutet im Umkehrschluss, dass jede einzelne Drahtführung festgestellt werden müsste um korrekte Berechnungsergebnisse zu erhalten.

Berechnung der Zusatzverluste mittels FEM

Sollen die gezeigten Effekte mittels FEM berechnet werden, so ist die Modellierung eines jeden einzelnen Drahtes notwendig. Ändert sich die Drahtlage in axialer Richtung oder soll der Wickelkopf korrekt nachgebildet werden, so ist eine äußerst zeitaufwendige 3D-Rechnung nötig. Um den Einfluss möglicher Kreisströme berechnen zu können, muss die Verschaltung der Drähte mit Hilfe externer Schaltungseditoren realisiert werden. Aufgrund der entstehenden Wirbelströme ist eine statische FE-Rechnung nicht ausreichend. In dieser Arbeit werden daher durchgängig transiente Rechnungen durchgeführt.

6.1.4 Verlustanalyse

Innerhalb des folgenden Abschnitts sollen die erläuterten Verlusteffekte anhand der unter Kapitel 4 vorgestellten Maschine analysiert werden. Zu Beginn wird der Proximity-Effekt untersucht. Anschließend wird der Einfluss der Drahtlage auf mögliche Kreisströme betrachtet und anhand spezieller Messungen validiert.

Einfluss Proximity-Effekt

Da der Skin-Effekt innerhalb dieser Maschine eine eher untergeordnete Rolle spielt, wird dieser hier nicht explizit aufgeführt und erläutert. Er wird jedoch automatisch bei der Berechnung des Proximity-Effektes mit berücksichtigt. Wie dem Abschnitt 6.1.3 zu entnehmen ist, handelt es sich um einen frequenzabhängigen Effekt. Abb. 6.11 zeigt auf Basis der analytischen Berechnungsmethode die Verlustzunahme im Aktivteil $k_{n,Prox,akt}$ der Maschine für das gesamte Kennfeld. Bei maximaler Drehzahl stellen sich bis zu 45 % höhere Kupferver-

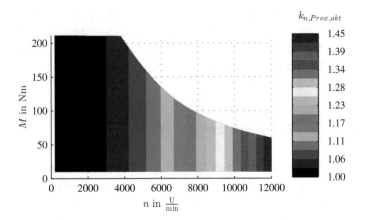

Abbildung 6.11: Verlustzunahme im Aktivteil der Maschine durch den Proximity-Effekt im gesamten Betriebsbereich bei $T = 30\,^\circ\mathrm{C}$

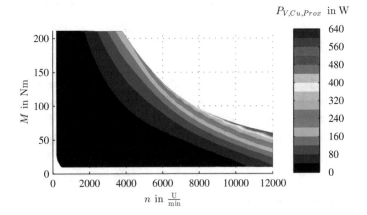

Abbildung 6.12: Zusatzverluste der Gesamtmaschine durch den Proximity-Effekt im Kennfeld bei $T = 30\,^\circ\mathrm{C}$

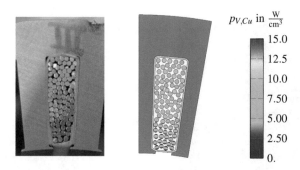

$p_{V,Cu}$ in $\frac{W}{cm^3}$

15.0
12.5
10.0
7.50
5.00
2.50
0.

Abbildung 6.13: Schnittbild einer realen Nut (li.) und Konturplot der Verlustdichte bei $n = 12000 \frac{U}{min}$ und $I_{Ph} = 228,3$ A (re.)

luste im Aktivteil ein. Für die Gesamtmaschine sind somit bis zu 650 W Zusatzverluste zu erwarten (siehe Abb. 6.12). Diese treten aufgrund des mit dem Drehmoment zunehmendem Strom bei maximaler Drehzahl und maximalem Drehmoment auf. Zur genaueren Verlustanalyse wird dieser Betriebspunkt bei maximaler Drehzahl ($n = 12000 \frac{U}{min} \rightarrow f = 1200$ Hz) und maximalem Drehmoment auf Basis eines einfachen Nutmodells mittels FEM berechnet. Ein derartiges Modell stellt einen guten Kompromiss aus erhöhter Genauigkeit und moderater Rechenzeit dar und wird auch in der Literatur für derartige Untersuchungen eingesetzt [99]. Einzig der Einfluss des Rotors wird an dieser Stelle nicht berücksichtigt. Im Anhang A2.1 ist das Modell dargestellt und die auftretenden geringen Ungenauigkeiten angegeben. Die Drahtlage ist willkürlich gestaltet. Abb. 6.13 zeigt zum Vergleich ein Schnittbild der realen Wicklung sowie die resultierende Verlustdichte. Auf Basis der FEM-Simulation ergibt sich eine Verlustzunahme im Aktivteil von $k_{n,Prox,akt,FEM} = 1,47$. Die Analytik weist für diesen Betriebspunkt ein $k_{n,Prox,akt,analyt} = 1,45$ auf und liegt somit in sehr guter Näherung zur numerischen Methode. Die Verlustzunahme in Richtung Nutöffnung, welche aus dem Verlauf des Nutstreufeldes hervorgeht, ist eindeutig zu erkennen. Diese Änderung der Verlustdichte in radialer Richtung wird später hinsichtlich der Verlusteinspeisung in die thermische Simulation untersucht. Des Weiteren wird die Temperaturabhängigkeit der auftretenden Kupferverluste untersucht und eine Skalierungsformel erarbeitet. Innerhalb einer Maschine treten die Maximaltemperaturen oft im Wickelkopf auf, da dieser

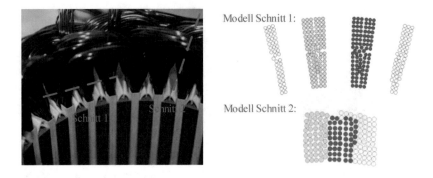

Abbildung 6.14: Zwei vereinfachte Wickelkopfmodelle zur Bestimmung der Kupferzusatzverluste in Folge des Proximity-Effekts (links: Realer Wickelkopf, rechts: Modelle)

nicht über das Eisen an das Kühlmedium angebunden ist. Da mögliche Verlustzunahmen durch Stromverdrängung im Wickelkopf dieses Verhalten verstärken, wird der Wickelkopf vereinfacht nachgebildet und simuliert. Abb. 6.14 zeigt die gewählten Modelle. Je nach Modell ergibt sich eine maximale Verlustzunahme durch den Proximity-Effekt von 3 - 4 %.

Einfluss Drahtlage

An dieser Stelle wird der Einfluss der Drahtlage am untersuchten Maschinenmuster analysiert. In Parameterstudien zeigte sich, dass sowohl die Drahtinduktivität $L_{D,WK}$ als auch der ohmsche Widerstand des Drahtes im Wickelkopf $R_{D,WK}$ einen Einfluss auf die resultierenden Kreisströme haben. Beide Komponenten führen zu einem zusätzlichen Spannungsabfall innerhalb der Parallelschaltung, so dass sich der ergebende Kreisstrom verringert. Ein unendlich langer Wickelkopf würde, trotz angenommener schlechter Drahtlage im Aktivteil, Kreisströme ausschließen. Abb. 6.15 zeigt eine mögliche gute und schlechte Drahtlage für die untersuchte Maschine. Diese wird dann jeweils für die gesamte Maschine angenommen, so dass jede Nut die identische Drahtverteilung aufweist. Um $L_{D,WK}$ und $R_{D,WK}$ bestimmen zu können, ist eine zeitaufwendige 3D-Simulation notwendig, welche die Modellierung der einzelnen Drähte

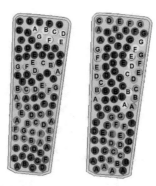

Abbildung 6.15: Gute (li.) und schlechte (re.) Drahtlage für die untersuchte
Maschine

Tabelle 6.1: Verlustzunahme und Verlustwerte durch ungünstige Drahtlage

	k_n	$P_{V,Cu}$ in W	$P_{V,Cu,1.25L}$ in W	$P_{V,Cu,0.75L}$ in W
schlechte Drahtlage	3,23	8455	8045	8902

im Wickelkopf beinhaltet. Da auch analytische Berechnungsformeln nur Nähe-
rungswerte liefern, besteht die einzige Möglichkeit darin, diese Parameter mittels Messabgleich zu identifizieren. Für die beschriebenen Modelle werden die
Parameter aus den später gezeigten Messungen übernommen, um erste Auswirkungen abschätzen zu können. Die Drahtinduktivität, bezogen auf die gesamte
Maschine, ergibt sich zu $L_{D,WK} = 4,667$ μH und der Wickelkopfwiderstand zu
$R_{D,WK} = 8,13$ mΩ. Abb. 6.16 stellt die Kreisströme bei maximaler Drehzahl
und maximalem Drehmoment dar. Die daraus resultierenden Verlustzunahmen
und -werte können Tabelle 6.1 entnommen werden. Der Einfluss der Drahtlage lässt sich anhand der gezeigten Werte deutlich nachvollziehen. Als Folge
der Verlustzunahme ergeben sich ein deutlicher Abfall des Wirkungsgrades
und sicherheitskritische Temperaturen. Um den Einfluss der schwer zu ermit-
telnden Drahtinduktivität darzustellen, wird diese um +/-25 % verändert. Es
ist nachvollziehbar, dass dieser Effekt nur bei ungünstiger Drahtlage eine Rolle spielt, da im Idealfall keine zusätzlichen induzierten Spannungen und somit
keine Kreisströme zwischen den parallelen Drähten auftreten. Tabelle 6.1 zeigt

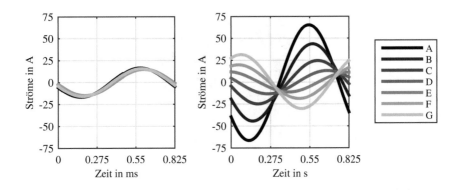

Abbildung 6.16: Resultierende Ströme für die gute (li.) und schlechte (re.) Drahtlage

die resultierenden Verluste. Zur Realisierung der Wicklung einer elektrischen Maschine ist es üblich, mehrere Spulen in Reihe zu verschalten. Durch automatisierte Wickelprozesse kann es zu unterschiedlichen Drahtlagen in den einzelnen Nuten kommen. Durch die wechselnde Drahtlage je Nut kommt es somit zu unterschiedlichen induzierten Spannungen innerhalb der Drähte. Für die Kreisströme ist jedoch die resultierende induzierte Spannung über alle in Serie verschalteten Spulen relevant. Somit können die von Nut zu Nut wechselnden Drahtlagen zu Kompensationseffekten führen, welche eventuelle Kreisströme reduzieren. Dieser Effekt wird am Beispiel einer willkürlich eingezogenen Wicklung verdeutlicht. Abb. 6.17 zeigt die Drahtlagen von vier in Serie verschalteten Spulen eines Zweiges. Tabelle 6.2 zeigt die sich dadurch ergebenden Verlustfaktoren. Da es an dieser Stelle nur darum geht, den auftretenden Kompensationseffekt zu zeigen, werden die Wickelkopfinduktivitäten und -widerstände in der Simulation nicht berücksichtigt. Es wird der Betriebspunkt bei maximaler Drehzahl und maximalem Drehmoment berechnet. $k_{n,1}$ - $k_{n,4}$ spiegeln die Verlustzunahmen wider, die sich bei einzelner Betrachtung der Nut einstellen würden. Für eine Serienschaltung aller vier Spulen ergibt sich $k_{n,ges}$. Die sich einstellende Verbesserung durch die genannten Kompensationseffekte ist deutlich zu erkennen. So ergibt sich durch die Reihenschaltung insgesamt eine geringere Verlustzunahme als in der besten Einzelnut.

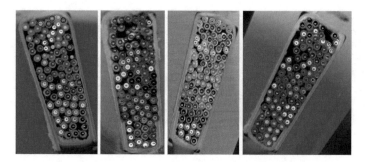

Abbildung 6.17: Drahtlage von vier in Reihe verschalteten Spulen

Tabelle 6.2: Verlustfaktoren für die einzelnen Nuten und der resultierende Verlustfaktor bei Verschaltung; keine Berücksichtigung der auftretenden Wickelkopfinduktivitäten und -widerstände

$k_{n,1}$	$k_{n,2}$	$k_{n,3}$	$k_{n,4}$	$k_{n,ges}$
2,54	2,57	2,64	4,2	2,23

Abgleich mit Messung

Wie bereits beschrieben werden derartige Zusatzverluste durch Kreisströme in der Literatur nur an wenigen Stellen [33, 41, 98] untersucht. Des Weiteren basieren diese Untersuchungen meist rein auf Simulationen, ohne jegliche messtechnische Analyse. Lediglich in [65] und [41] werden auch messtechnische Untersuchungen angestellt. Diese basieren jedoch nur auf einzelnen Drähten [65] oder auf einer einzelnen, abstrahierten Spule einer Einzelzahnwicklung [41].

In dieser Arbeit wird eine Messmethode vorgestellt, welche es erlaubt, die genannten Effekte eindeutig zu messen, zu quantifizieren und mit Simulationsmodellen abzugleichen. Da die Effekte nur im Wechselstromfall auftreten, ist eine Verlustmessung einer Gesamtmaschine zur Analyse der Kupferverluste nicht ausreichend. Dies ist darin begründet, dass im Wechselstromfall neben den Kupfer- auch Eisen- und Magnetverluste auftreten und eine genaue Verlusttrennung nicht möglich ist. Die Idee besteht darin, zwei identische Maschinen, welche sich alleine durch die Drahtlage unterscheiden, aufzubauen und zu vermes-

 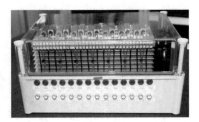

Abbildung 6.18: Strommessboxen

sen. Um möglichst viele Störeinflüsse zu minimieren, wird für beide Maschinen der gleiche Rotor verwendet. Zur Vermeidung von Stromoberschwingungen werden die Maschinen im Kurzschluss vermessen, so dass kein Umrichter nötig ist. Demzufolge ist das gemessene Verlustdelta nahezu ausschließlich auf die Drahtlage zurückzuführen. Eine weitere Besonderheit der Messung liegt darin, die Ströme in den einzelnen parallelen Drähten zu messen. Dies erlaubt anschließend einen genauen Abgleich und eine klare Aussage über auftretende Kreisströme. Hierzu werden alle parallelen Drähte eines Stranges aus der Maschine verlängert und einzeln an präzise Mess-Shunts (50 mOhm) angeschlossen. Der Spannungsabfall an diesen Widerständen wird mittels Oszilloskop gemessen und aufgezeichnet. Somit ist ein direkter Rückschluss auf die einzelnen Ströme möglich. Um unterschiedlichen Temperaturen aufgrund verschiedener Ströme in den Widerständen entgegenzuwirken, werden diese auf einem Kühlkörper montiert, welcher axial von einem Lüfter gekühlt wird. Abb. 6.18 zeigt die Strommessbox. Zusätzlich befinden sich in jeder Maschine über 60 Thermoelemente, um einen exakten Simulationsabgleich zu ermöglichen. Um eine gute und schlechte Drahtlage im Maschinenaufbau zu erreichen, muss der Drahtdurchmesser geringfügig verkleinert werden. Abb. 6.19 zeigt den umgesetzten guten und schlechten Fall. Da die Effekte zur Nutöffnung hin besonders ausgeprägt sind werden die Unterschiede hauptsächlich hier realisiert. Um die gewünschte Drahtlage zu realisieren, werden die Wicklungen in den Mustern per Hand gefertigt. Hierbei werden die sieben parallelen Drähte eines Zweiges jeweils mit einem kleinen Klebeband fixiert (im Fall der schlechten Drahtlage alle sieben parallelen Drähte jeweils übereinander). Im nächsten Schritt werden die einzelnen Spulen hergestellt und anschließend in den Stator eingelegt. Zusätzliche Bilder zur manuellen Wicklungsherstellung können dem Anhang

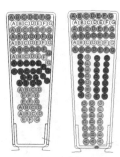

Abbildung 6.19: Umgesetzte Drahtanordnungen im Musterbau: Gute (links) und schlechte (rechts) Drahtlage

Abbildung 6.20: Eingezogene Wicklung: Gute (links) und schlechte (rechts) Drahtlage

A3.1 entnommen werden. Abb. 6.20 stellt einen Ausschnitt der resultierenden realen Wicklung dar. Die unterschiedlichen Lagen der parallelen Drähte (gute Drahtlage: Parallele Drähte tangential nebeneinander; schlechter Fall: Parallele Drähte radial übereinander) sind eindeutig zu erkennen. Abb. 6.21 zeigt den kompletten Messaufbau. Abb. 6.22 zeigt die gemessenen Verluste bei verschiedenen Drehzahlen. Wie zu erkennen ist, ergibt sich im Kurzschluss bei $11000 \frac{U}{min}$ eine Differenz von 3,2 kW zwischen beiden Maschinen. Dies entspricht einer Steigerung der Gesamtverlustleistung von 65 %. Die Abb. 6.23a bis 6.23c stellen die Ströme der schlechten Maschine bei unterschiedlichen Drehzahlen gegenüber. Die Frequenzabhängigkeit der Kreisströme ist eindeutig zu erkennen. Beim Vergleich der Ströme zwischen guter und schlechter Drahtlage (vgl. Abb. 6.23c und 6.23d) ist die Verlustdifferenz zwischen beiden Maschinen nachvollziehbar. Wie Abb. 6.23c zu entnehmen ist, trägt der Draht A innerhalb der schlechten Drahtlage fast den dreifachen Strom. Auf Basis

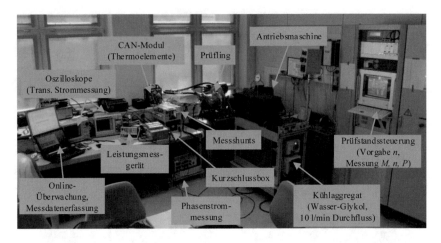

Abbildung 6.21: Kompletter Messaufbau

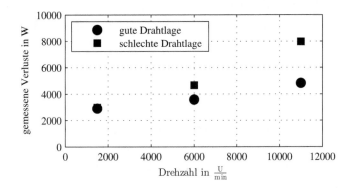

Abbildung 6.22: Gemessene Verluste bei Starttemperatur

der ermittelten Werte können die Berechnungsmethoden (Analytik und FEM) verglichen werden. Hierzu werden die unter Abschnitt 6.1.3 dargelegten Methoden angewandt. Innerhalb des FEM-Modells ist die Drahtlage nachgebildet und die Simulation wird inklusive Rotor durchgeführt. Abb. 6.24 vergleicht die resultierenden Verlustdifferenzen zwischen guter und schlechter Drahtlage der einzelnen Methoden. Wie zu erkennen ist, liefert die FE-Simulation sehr gute Ergebnisse (max. Abweichung <100 W). Es ist jedoch auf die oben an-

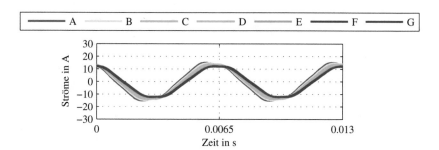

(a) schlechte Drahtlage, 1500 $\frac{U}{min}$

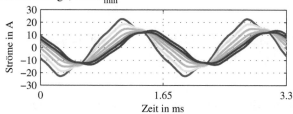

(b) schlechte Drahtlage, 6000 $\frac{U}{min}$

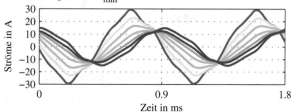

(c) schlechte Drahtlage, 11000 $\frac{U}{min}$

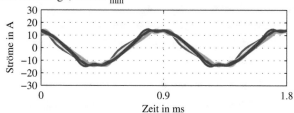

(d) gute Drahtlage, 11000 $\frac{U}{min}$

Abbildung 6.23: Gemessene Ströme im Fall verschiedener Drahtlagen und steigender Drehzahlen

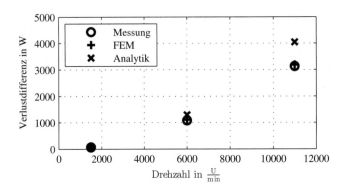

Abbildung 6.24: Vergleich der ermittelten Verlustdifferenzen zwischen Analytik, FEM und Messung

gesprochene Schwierigkeit hinzuweisen, die einzelnen Induktivitätswerte zu ermitteln. Durch iterative Vorgehensweise wird die gesamte Wickelkopfinduktivität des Stranges ermittelt. Es zeigt sich, dass diese in eine Drahtinduktivität und eine zusätzliche Gesamtinduktivität aufgeteilt werden muss. Dies lässt sich wie folgt begründen:

- **Gesamtinduktivität:** Jeder Wickelkopf bildet in Verbindung mit der Paketoberfläche als gerade Symmetrieebene eine halbe Ringspule mit der jeweiligen Windungszahl. Dies ergibt eine insgesamt zu berücksichtigende Zusatzinduktivität.

- **Drahtinduktivität:** Da jeder Leiter aus sieben parallelen Drähten aufgebaut ist, weisen diese untereinander einen typischen Abstand auf. Dabei umschließt jeden Draht ein nur zu ihm gehörender kleiner Fluss mit einer ihm allein zugeordneten Induktivität.

Diese Überlegung erklärt die notwendige Unterteilung, kann jedoch hinsichtlich der absoluten Aufteilung der Induktivität nur Anhaltspunkte liefern. Die korrekten Werte können dementsprechend nur iterativ durch einen Vergleich der gemessenen und simulierten Ströme im Fall der schlechten Drahtlage ermittelt werden. Für die Drahtinduktivität ergibt sich ein Wert von 4,667 μH, während für die Gesamtinduktivität ein Wert von 7,33 μH ermittelt wird. Wie bereits erwähnt, spielen diese Induktivitäten jedoch nur im Fall der schlechten

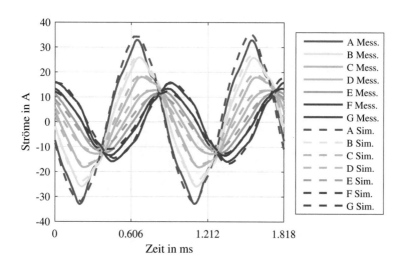

Abbildung 6.25: Vergleich der gemessenen und mittels FEM berechneten Stromverläufe bei $11000 \frac{U}{min}$ und schlechter Drahtlage

Drahtlage eine Rolle. Abb. 6.25 zeigt beispielhaft die durch FEM berechneten und gemessenen Ströme im Fall der schlechten Drahtlage bei $11000 \frac{U}{min}$. Generell ist eine sehr gute Übereinstimmung zu erkennen. Auftretende Abweichungen können auf unterschiedliche Drahtlagen, Fertigungseinflüsse, leicht unterschiedliche Induktivitätswerte usw. zurückgeführt werden. Die deutlich größere Abweichung tritt im Fall der analytischen Berechnung auf. Diese ist auf einen überschätzten schlechten Fall zurückzuführen. Hauptgrund hierfür ist die Tatsache, dass die Drahtlage der Mustermaschinen nicht 1:1 nachgebildet werden kann. Tabelle 6.3 stellt die berechneten Verlustwerte bzw. Verlustdifferenzen zusammenfassend gegenüber.

6.1.5 Analyse thermisch relevanter Kriterien

Wie bereits in der Einführung beschrieben, ist für die korrekte Temperaturberechnung nicht nur der exakte Verlustwert, sondern auch dessen lokale Verteilung mit seiner temperaturabhängigen Skalierung von Bedeutung. Beide Effek-

Tabelle 6.3: Darstellung der berechneten und gemessenen Verlustwerte auf Basis der guten und schlechten Drahtlage. Vergleich der sich ergebenden Differenzen $\triangle$ zwischen guter und schlechter Drahtlage für die Analytik, FEM und Messung

	berechnete Kupferverluste				Messung		Verlustdifferenz		
	$P_{V,Cu,analy.}$		$P_{V,Cu,FEM}$		$P_{V,ges}$		Analy.	FEM	Messung
n	gut	schl.	gut	schl.	gut	schl.	$\triangle$	$\triangle$	$\triangle$
in $\frac{U}{min}$	in W	in W	in W	in W	in W	in W	in W	in W	in W
1500	2785	2866	2775	2852	2910	2980	81	77	70
6000	3032	4322	2946	4054	3588	4669	1290	1108	1081
11000	3476	7517	3176	6363	4829	7962	4041	3187	3133

te sollen hinsichtlich der Kupferverluste in den folgenden Kapiteln untersucht und beschrieben werden.

Lokalität der Verlustleistung

Wie bereits Abb. 6.13 zeigt, treten die Zusatzverluste durch Stromverdrängung in der Nut inhomogen auf. Abb. 6.26 stellt für dieses Beispiel die mittels FEM berechnete Verlustdichte über der radialen Position in der Nut dar. Die Verlust-

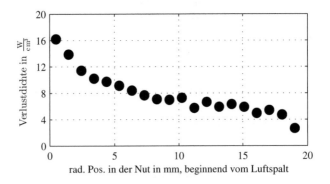

Abbildung 6.26: Darstellung der mittels FEM berechneten inhomogenen Verlustdichte innerhalb der Nut

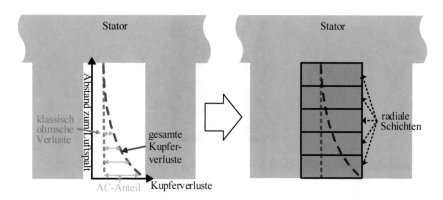

Abbildung 6.27: Einführung des radialen Schichtenmodells, schematische Darstellung

zunahme in Richtung Nutöffnung, welche auf das dort stärkere Nutquerfeld zurückzuführen ist, ist eindeutig zu erkennen. In diesem Beispiel ist die Verlustdichte am Luftspalt über fünf mal so groß wie am Nutgrund. Diese Inhomogenität der Verlustverteilung wird in bisherigen thermischen Simulationen üblicherweise nicht berücksichtigt. In der Wissenschaft bzw. auch in kommerziellen Programmen ist es üblich, nur den gesamten Kupferverlustwert an das thermische Modell zu übergeben [23, 111, 112].

Um diese Tatsache zu verbessern wird in dieser Arbeit ein Schnittstellenmodell entwickelt, welches die unterschiedlichen Verluste positionsbezogen übergibt. Basierend auf der Annahme, dass die Verluste aufgrund des Nutquerfeldes in guter Näherung von ihrer radialen Position abhängig sind, wird ein radiales Schichtenmodell eingeführt. Abb. 6.27 stellt dieses schematisch dar. Hierbei wird die Nut in n radiale Schichten unterteilt, in welchen die jeweiligen Verluste übergeben werden. Gleichzeitig sind im thermischen Modell eine identische Diskretisierung in radialer Richtung sowie eine lokale Verlusteinspeisung notwendig. Um das neue Modell qualitativ bewerten zu können, wird ein elektromagnetisch-thermisch gekoppeltes FE-Modell (Einfachmodell, vgl. Abb. 6.13 und Anhang A2.1) aufgebaut, welches als Referenz dient (siehe Vorgehensweise und Randbedingungen in Abschnitt 5.2). Eine reine Analyse der aus Stromverdrängungseffekten resultierenden Temperaturen anhand von Messungen ist nicht möglich, da diese auch von Eisen-, Magnet- und sonstigen Ver-

Abbildung 6.28: Messstellen zum Abgleich der Kupfertemperaturen

lusten beeinflusst werden. Durch die Verlustübergabe in jedem Netzelement wird eine ideale Schnittstelle erzeugt. Diese dient im Weiteren als Referenzlösung. Um hier ausschließlich die Verlustverteilung und deren Einfluss auf die resultierenden Temperaturen zu untersuchen, wird die Temperaturabhängigkeit der Verluste an dieser Stelle noch vernachlässigt. Diese wird im folgenden Unterkapitel untersucht. Da die Kupferverluste beziehungsweise die Stromverdrängungseffekte und deren Auswirkungen alleine untersucht werden sollen, werden weitere Verlustarten in der Simulation nicht berücksichtigt. Des Weiteren geben bisherige thermische Modelle typischerweise nur die Maximal- oder Durchschnittskupfertemperatur aus. Diese können jedoch in der Praxis aufgrund nur einiger weniger lokaler Temperaturinformationen durch Sensoren messtechnisch nicht erfasst werden. Um das thermische Modell auch hinsichtlich dieser Gegebenheit zu testen, werden zusätzlich typische Messpositionen zur Evaluierung ausgewählt. Abb. 6.28 zeigt die verwendeten Messstellen. Die folgende Untersuchung wird anhand des unter Abschnitt 6.1.4 vorgestellten Einfachmodells bei maximaler Drehzahl durchgeführt. Es werden Ströme mit $f = 1200\,\text{Hz}$ eingeprägt, welche im Fall von $f \rightarrow 0\,\text{Hz}$ mittleren Stromdichten von $J_0 = 15\,\frac{\text{A}}{\text{mm}^2}$ und $J_0 = 25\,\frac{\text{A}}{\text{mm}^2}$ entsprechen würden. Da, abgesehen von den absoluten Werten, die Stromhöhe keinen Einfluss auf die Stromverdrängungseffekte hat, wird an dieser Stelle nur die größere Stromstärke betrachtet. Abb. 6.29 zeigt die resultierenden Temperaturfelder. Abb. 6.29c bildet den aktuellen Stand der Technik ab, welcher den korrekten Verlustwert bei einer homogenen Verlusteinspeisung berücksichtigt. Abb. 6.29b stellt das Resultat auf Basis des vorgestellten radialen Schichtenmodells dar. An dieser Stelle werden 20 radiale Schichten verwendet, um die inhomogene Verlustverteilung ins

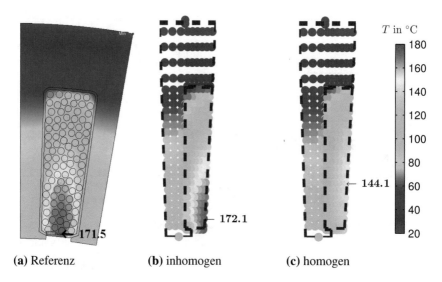

(a) Referenz   (b) inhomogen   (c) homogen

Abbildung 6.29: Vergleich der Temperaturfelder bei unterschiedlicher Verlusteinspeisung

thermische Modell zu transferieren. Abb. 6.29a zeigt das mittels gekoppelter FE-Simulation erzeugte Referenzbild. Wie zu erkennen ist, führt die inhomogene Verlustverteilung zu einer deutlichen Erhöhung der Maximaltemperatur (30 K), welche auf die höhere Verlustdichte im Bereich der Nutöffnung zurückzuführen ist. Des Weiteren verschiebt sich die Position der Maximaltemperatur (Hot-Spot) in Richtung Nutöffnung. Abb. 6.30 vergleicht die resultierenden Temperaturen der einzelnen Modelle anhand der vorgestellten Messpositionen sowie der Maximaltemperatur. Die sehr gute Übereinstimmung zwischen der vorgestellten, erweiterten Methode und der Referenzlösung ist zu erkennen. Es bleibt festzuhalten, dass das vorgestellte radiale Schichtenmodell notwendig ist, um die Auswirkungen der inhomogenen Verlustverteilung zu erfassen. Gleichzeitig gilt für diese Maschine, dass eine radiale Unterteilung ausreichend ist. Eine Parameterstudie (siehe Anhang A.4) zeigt, dass die Anzahl der radialen Schichten ungefähr gleich der Anzahl der Drähte in radialer

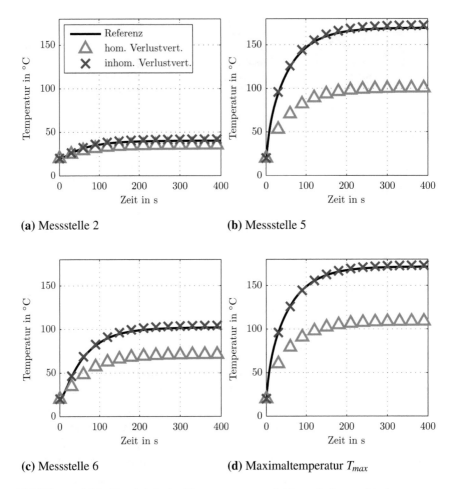

(a) Messstelle 2   (b) Messstelle 5

(c) Messstelle 6   (d) Maximaltemperatur T_{max}

Abbildung 6.30: Vergleich der Temperaturentwicklung bei verschiedenen Messstellen

Richtung zu wählen ist. Somit kann diese Größe schon vorab, gemäß Gleichung (Gl. 6.59), bestimmt werden.

$$a_{rad.\ Schichten} = \frac{h_{Nut}}{d_D} \qquad \text{Gl. 6.59}$$

Temperaturabhängige Verlustskalierung

Innerhalb der thermischen Simulation ist es notwendig, die Kupferverluste abhängig von der aktuellen, lokalen Temperatur zu kennen. Da elementweise gekoppelte, transiente FEM-Modelle zu zeitaufwendig sind, werden Skalierungsformeln verwendet, um die Kupferverluste abhängig von der Kupfertemperatur direkt im thermischen Modell zu berechnen. Es ist gängige Praxis, die Kupferverluste gemäß Gleichung (Gl. 6.60) linear über die Temperatur zu skalieren.

$$P_{V,Cu}\,|_T = P_{V,Cu}\,|_{T_0} \cdot (1 + \alpha(T - T_0)) \qquad \text{Gl. 6.60}$$

An einigen Stellen innerhalb der Literatur wird darauf hingewiesen, dass Zusatzverluste durch Stromverdrängung in Abhängigkeit von der Temperatur fallen [77, 124]. Dies ist darauf zurückzuführen, dass bei steigenden Temperaturen die elektrische Leitfähigkeit sinkt. Unter der Annahme, dass die induzierte Spannung, welche durch das Magnetfeld generiert wird, konstant bleibt, verringert sich der Wirbelstrom proportional zur Leitfähigkeit. In der Literatur [77, 124, 125, 126] hat sich Gleichung (Gl. 6.61) etabliert, wonach die Zusatzverluste durch Stromverdrängung mit $\frac{1}{\sqrt{1+\alpha(T-T_0)}}$ skaliert werden. Es wird darauf hingewiesen, dass T_0 in dieser Arbeit immer 20 °C entspricht und für den Temperaturkoeffizienten von Kupfer gilt: $\alpha = \alpha_{T_0 = 20\,°C} = 0{,}00393\frac{1}{\text{K}}$. Somit ergibt sich:

$$P_{V,Cu}\,|_T = \frac{P_{V,Cu,Zusatz}\,|_{T_0}}{\sqrt{1 + \alpha(T - T_0)}} + P_{V,Cu,DC}\,|_{T_0} \cdot (1 + \alpha \cdot (T - T_0)) \qquad \text{Gl. 6.61}$$

Anhand dieser Formel ist erkennbar, dass zur Skalierung der Verluste in Abhängigkeit der Temperatur, die Aufteilung in klassisch ohmsche Verluste und Zusatzverluste durch Wirbelströme (respektive der Verlustfaktor k_n) bekannt sein muss. 2014 erschienen erste Veröffentlichungen, die zeigten, dass die Skalierung gemäß Gleichung (Gl. 6.61) nicht ausreichend ist, um die Kupferverluste über der Temperatur korrekt abzubilden [127]. Die Skalierung der AC-Verluste wird in diesem Bericht um einen Exponenten β ergänzt, um die gemessenen Verlustwerte in Abhängigkeit der Temperatur besser nachbilden zu können:

$$P_{V,Cu}\,|_T = \frac{P_{V,Cu,Zusatz}\,|_{T_0}}{(1 + \alpha(T - T_0))^\beta} + P_{V,Cu,DC}\,|_{T_0} \cdot (1 + \alpha(T - T_0)) \qquad \text{Gl. 6.62}$$

Dabei ist es in allen aufgeführten Veröffentlichungen üblich, die Kupferverluste über die mittlere Kupfertemperatur zu skalieren. Auf Basis des unter Abschnitt 6.1.4 bzw. Abschnitt 6.1.5 angeführten Einfachmodells einer Nut soll die Verlustskalierung untersucht werden. Die gekoppelte Simulation zur Erzeugung der Referenzdaten wird um die Temperaturabhängigkeit der Kupferverluste ergänzt. Demzufolge wird die Kopplung zwischen beiden Domänen so häufig durchlaufen, bis sich stationäre Temperaturen innerhalb des Modells einstellen. Aufgrund der großen Temperaturgradienten zu Beginn der Simulation wird eine logarithmische Schrittweite gewählt.

Im Gegensatz zu messtechnischen Untersuchungen können in der Simulation die Kupferverluste eines einzelnen Drahtes über der Temperatur aufgetragen werden (siehe Abb. 6.31a). Die unterschiedlichen Verlustwerte, welche in Folge der unterschiedlichen AC-Verluste in Abhängigkeit der Lage resultieren, sind zu erkennen. Die Drähte mit den geringsten Verlusten sind am Nutgrund platziert, die Drähte mit den größten Stromverdrängungsverlusten befinden sich im Bereich der Nutöffnung. Es sind verschiedene Verlustentwicklungen in Abhängigkeit von der steigenden Temperatur zu identifizieren. Während die Verluste der Drähte im Bereich des Nutgrunds aufgrund des nahezu ausschließlichen ohmschen Verlustanteils mit zunehmender Temperatur linear steigen, fallen die Verluste der Drähte im Bereich der Nutöffnung. Da die Skalierungsfunktion untersucht wird, werden die Verlustwerte zu jedem Zeitschritt auf ihren Initialwert bei T_0 normiert und dargestellt (siehe Abb. 6.31b). Somit ist das reine Temperaturverhalten, d. h. die reine Skalierungsfunktion, zu erkennen. Des Weiteren ist der ohmsche Verlustanteil $P_{V,Cu,DC}$ bei Starttemperatur in jedem Draht bekannt. Da bewiesen ist, dass sich dieser linear verhält, kann der AC-Anteil zu jedem Zeitschritt beziehungsweise zu jeder Temperatur rechnerisch ermittelt werden. Abb. 6.32a stellt die Verlustkurven aller Drähte, aufgeteilt in klassisch-ohmschen Anteil und Stromverdrängungsanteil, dar. Es ist festzuhalten, dass sich der AC-Anteil aller Drähte in Abhängigkeit der Temperatur gleich verhält. Somit lässt sich schlussfolgern, dass genau eine Skalierungsfunktion existieren muss, welche das gezeigte Verhalten nachbildet. Durch Abgleich von Gleichung (Gl. 6.62) mit den Simulationsdaten wird $\beta = 1$ ermittelt. Der DC-Anteil wird weiterhin mittels Gleichung (Gl. 6.60) skaliert. Abb. 6.32b stellt das Ergebnis auf Basis der ermittelten Skalierungsfunktion dar. Zum Vergleich wird auch $\beta = 0,5$ (Wert aus Literatur) dargestellt.

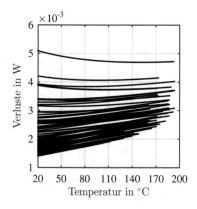

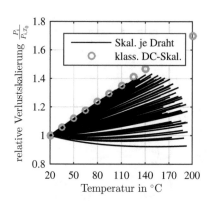

(a) Einzelne Drahtverluste in Abhängigkeit der Temperatur

(b) Relatives Verlustverhalten der einzelnen Drähte in Abhängigkeit der Temperatur

Abbildung 6.31: Einzelne Drahtverluste im gekoppelten Referenzmodell

Im Folgenden wird die physikalische Bedeutung von $\beta = 1$ näher analysiert. Aus den vorangegangenen Untersuchungen ist bekannt, dass der Skin-Effekt aufgrund der kleinen Drahtdurchmesser bei dieser Maschine zu vernachlässigen ist. Demzufolge wird die Annahme getroffen, dass die Wirbelströme, welche die Stromverdrängung zur Folge haben, rein durch ein externes/globales Magnetfeld B_{global} erzeugt werden. Da die Phasenströme im Modell eingeprägt werden, ist dieses globale Feld nicht von der Temperatur abhängig.

$$B_{global} \neq f(T) \qquad \text{Gl. 6.63}$$

Generell gilt unter der Annahme von sinusförmigen Zeitverläufen für die mittlere lokale Verlustdichte p_V:

$$p_V = JE = \sigma E^2 \qquad \text{Gl. 6.64}$$

Ausgehend von Gleichung (Gl. 6.63) ergibt sich auch für das elektrische Feld die Unabhängigkeit von der Temperatur.

$$E \neq f(T) \qquad \text{Gl. 6.65}$$

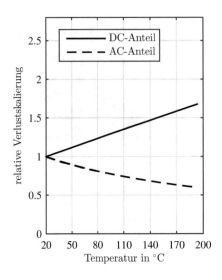 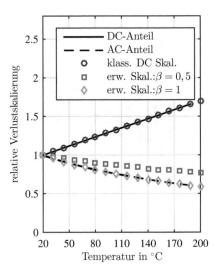

(a) Aufteilung der Verlustkurven in Abhängigkeit der Temperatur

(b) Anwendung der verschiedenen Skalierungsfunktionen

Abbildung 6.32: Nach Verlusteffekt getrennte Darstellung der Skalierungsfunktion

Damit ist die mittlere lokale Verlustdichte p_V nur vom temperaturabhängigen spezifischen Widerstand $\rho(T)$ abhängig:

$$p_V(T) \sim \sigma = \frac{1}{\rho(T)} \qquad \text{Gl. 6.66}$$

Da das Temperaturverhalten des spezifischen Widerstandes bekannt ist, ist folgende Abhängigkeit ableitbar:

$$p_V(T) \sim \frac{1}{\rho_0(1 + \alpha(T - T_0))} \qquad q.e.d \qquad \text{Gl. 6.67}$$

Auf Basis der mittleren lokalen Verlustdichte ergeben sich die absoluten Verluste zu:

$$P_V(T) = \iiint_V p_V(T)\mathrm{d}V \qquad \text{Gl. 6.68}$$

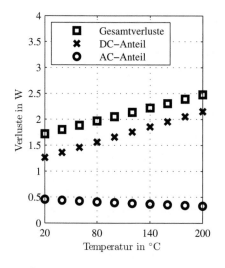

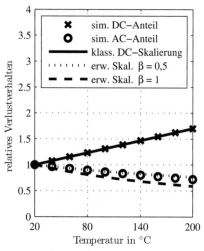

(a) Skin-Effekt: Aufteilung der Verlust-kurven in Abhängigkeit der Temperatur

(b) Skin-Effekt: Anwendung der verschiedenen Skalierungsfunktionen

Abbildung 6.33: Unterschiedliche Verlustanteile in Abhängigkeit von der Temperatur in einem Draht unter Berücksichtigung des Skin-Effekts

Aufgrund dieser Überlegungen ist nachvollziehbar, dass Zusatzverluste durch Stromverdrängung, welche rein auf dem Proximity-Effekt beruhen, entsprechend Gleichung (Gl. 6.67) mittels $\frac{1}{(1+\alpha(T-T_0))^1}$ und demzufolge mit $\beta = 1$ zu skalieren sind.

Das entsprechende Gegenbeispiel stellt somit der reine Skin-Effekt dar. Hierbei induziert das durch den Leiter selbst erzeugte Magnetfeld entsprechende Wirbelströme. Um das hieraus resultierende Verhalten abbilden zu können wird ein Draht ($d = 3$ mm, $\hat{I} = 100$ A, $f = 10$ kHz; vgl. Beispiel Abb. 6.2) bei verschiedenen Temperaturen und entsprechenden elektrischen Leitfähigkeiten simuliert. Abb. 6.33 stellt die ermittelten Verluste in Abhängigkeit der Temperatur dar. Es ist zu erkennen, dass die für den reinen Proximity-Effekt ermittelte Skalierungsformel die hier auftretenden Wirbelstromverluste unterschätzen würde. Es ist gleichzeitig ersichtlich, dass die genannten Verluste nahezu mit $\frac{1}{\sqrt{1+\alpha(T-T_0)}}$, d.h. $\beta = 0,5$ skalieren. Somit lässt sich im Allgemeinen festhalten, dass für die gesamten AC-Verluste gelten muss:

$$0,5 \leq \beta \leq 1 \qquad\qquad\qquad \text{Gl. 6.69}$$

Der exakte β-Wert ist davon abhängig, wie groß der jeweilige Verlusteffekt ist. Je größer der Anteil des Proximity-Effektes ist, desto größer wird β. Des Weiteren zeigt die Analyse aber auch, dass es im Gegensatz zum oben gezeigten Stand der Technik nötig ist, die Kupferverluste lokal, im Sinne der jeweiligen Drahttemperatur, zu skalieren. Die Skalierung auf Basis der mittleren Kupfer-/Nuttemperatur würde zu Fehlern führen.

Die ermittelten Erkenntnisse werden nun in die vorgestellte Schnittstelle bzw. das gezeigte thermische Modell eingebunden. Somit werden neben den Verlustwerten in den radialen Schichten nun auch die Verlustfaktoren je Schicht übergeben, um die Verluste entsprechend ihres Verlustanteils skalieren zu können. Die Kupferverluste werden innerhalb des thermischen Modells lokal in jedem Knoten/Kontrollvolumen skaliert. Abb. 6.34 stellt die verschiedenen Varianten gegenüber. Es ist zu erkennen, dass die lineare Skalierung aller Verluste zu einer enormen Überschätzung der Temperaturen führt. Wie zu erwarten, zeigt die Verwendung von $\beta = 1$ (Abb. 6.34b) eine sehr gute Übereinstimmung. Die maximale Restabweichung von 4,1 K hinsichtlich der Maximaltemperatur lässt sich auf diverse Faktoren wie Einfluss der Drahtlage, Ungenauigkeiten durch den Homogenisierungsansatz innerhalb der Nut und Diskretisierungsfehler zurückführen. Abb. 6.35 stellt die resultierenden Temperaturverläufe an den Messstellen dar. Hier ist zum Vergleich auch $\beta = 0,5$ mit aufgeführt, welches wie zu erwarten auch zu erhöhten Temperaturen führt. Wie zu Beginn erläutert, können bei Rotation der Maschine Rotorfelder erhöhte Kupferverluste in den ersten Drahtebenen nahe des Luftspalts hervorrufen. Ob für diesen Fall eine zusätzliche tangentiale Unterteilung der Nut zu erhöhter Genauigkeit führt, müsste in nachfolgenden Arbeiten untersucht werden.

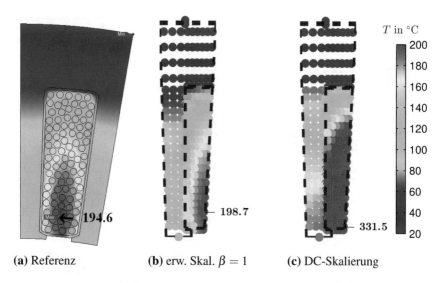

		T in °C
		200
		180
		160
		140
		120
		100
		80
		60
		40
		20

(a) Referenz **(b)** erw. Skal. $\beta = 1$ **(c)** DC-Skalierung

Abbildung 6.34: Vergleich der Temperaturfelder unter Berücksichtigung der Temperaturabhängigkeit

Erarbeitung einer angemessenen Schnittstelle auf Basis der analytischen Berechnungsmethode

Für den täglichen Auslegungsprozess von elektrischen Maschinen sind derartige elementweise gekoppelte transiente FEM-Modelle, aufgrund des Zeitaufwandes hinsichtlich Modellerstellung und Rechenzeit, nicht tragbar. Wie die vorangegangenen Untersuchungen jedoch gezeigt haben, ist die Berücksichtigung der lokalen Verlusteffekte unabdingbar, um valide Temperaturen zu ermitteln. Aus diesem Grund werden im nächsten Schritt die unter Abschnitt 6.1.3 genannten analytischen Formeln dahingehend erweitert, dass eine inhomogene Verlustberechnung möglich ist. Im Anschluss wird die entsprechende Verlustverteilung ins thermische Modell transferiert. Dort kann, ohne notwendige Rückkopplung zur Verlustberechnung, die unter Abschnitt 6.1.5 ermittelte Verlustskalierungsfunktion lokal angewendet werden.

Auf Basis der Annahme, dass die Drähte innerhalb des analytischen Modells gleichverteilt sind, kann der Verlustfaktor k_n in Abhängigkeit von der radialen

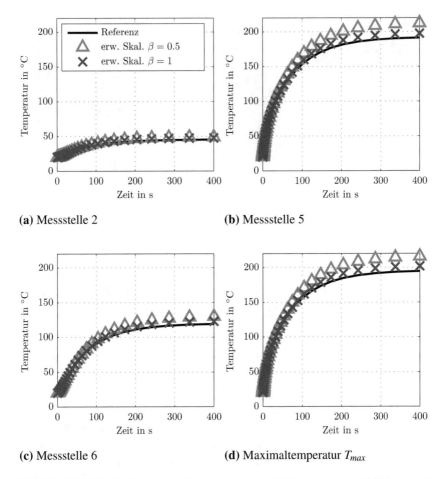

(a) Messstelle 2

(b) Messstelle 5

(c) Messstelle 6

(d) Maximaltemperatur T_{max}

Abbildung 6.35: Vergleich der Temperaturentwicklung an verschiedenen Messpositionen und T_{max} unter Berücksichtigung der erweiterten Skalierungsformel mit $\beta = 0,5$ und $\beta = 1$

Position berechnet werden. Hierzu wird die Nut in radiale Schichten der Höhe $h_{Schicht}$ unterteilt und gemäß Gleichung (Gl. 6.46) der Verlustfaktor $k_{n,Schicht}$ für jede Schicht bestimmt. Parallel werden die klassisch-ohmschen Verluste je Schicht bestimmt. Auf Basis des Verlustfaktors und des klassisch-ohmschen

Verlustwertes kann der für die thermische Rechnung benötigte absolute Verlustwert je Schicht berechnet werden:

$$P_{V,Cu,Schicht} = P_{V,Cu,DC,Schicht} \cdot k_{n,Schicht}$$ Gl. 6.70

Um die Kupferverluste im thermischen Modell korrekt gemäß Gleichung (Gl. 6.62) zu skalieren, ist wie beschrieben die Aufteilung in klassisch-ohmsche Verluste und Zusatzverluste notwendig. Diese Skalierung muss lokal für jede Schicht durchgeführt werden, so dass die beiden Verlustanteile für jede Schicht im thermischen Modell vorliegen müssen. Um diese Schnittstelle zur thermischen Domäne an dieser Stelle so flexibel wie möglich zu gestalten beziehungsweise nicht jeden Verlustanteil je Schicht einzeln übergeben zu müssen, wird im Folgenden eine Methode vorgestellt, welche die von der radialen Position abhängigen Verlustfaktoren mittels einer gewählten Formfunktion übergibt. Aus den beschriebenen Berechnungsgrundlagen ist bekannt, dass die Verluste und somit die Verlustfaktoren quadratisch mit dem Abstand zum Nutgrund steigen. Aus diesem Grund wird eine Übergabefunktion folgender Form gewählt:

$$k_n(x) = a \cdot x^2 + c$$ Gl. 6.71

Wie in Abschnitt 6.1.5 beschrieben, stellen sich am Nutgrund ($x = 0$) keine Stromverdrängungsverluste ein. Damit ergibt sich $k_n(x = 0) = 1$. Unter dieser Randbedingung kann $c = 1$ gesetzt werden. Sollten jedoch Verluste durch Kreisströme auftreten, so werden diese in erster Näherung gleichverteilt über die Nut angenommen, was zu einer Erhöhung von c führt. Der Koeffizient a wird mittels Regression anhand der bekannten Verlustfaktoren je Schicht und deren radialer Lage x ermittelt. Um eventuellen Geometrieabweichungen zwischen beiden Domänen vorzubeugen, wird die radiale Position x als relative Position zwischen 0 und 1 angegeben ($x = 0$ = Nutgrund, $x = 1$ = Nutöffnung).

Auf Basis dieser Idee ist es ausreichend, die Koeffizienten a und c, sowie den klassisch-ohmschen Verlustwert der Nut in das thermische Modell zu übergeben. Je nach gewählter radialer Diskretisierung im thermischen Modell können auf Basis der übergebenen Formfunktion die Verluste lokal verteilt werden. Es empfiehlt sich, wie in Abschnitt 6.1.5 (siehe Gleichung (Gl. 6.59)) beschrieben, die Anzahl radialer Schichten respektive Knoten im thermischen Modell der Anzahl an Drähten in radialer Richtung anzupassen.

Im Folgenden wird die beschriebene Vorgehensweise auf Basis der analytisch-en Verlustberechnung getestet und validiert. Hierfür wird das bereits oben angeführte Beispiel (siehe Abschnitt 6.1.5) verwendet, um die Methode auch gegenüber den numerischen Ergebnissen zu vergleichen. Für das Beispiel mit $h_{Nut} = 19,6$ mm und $d_{Draht,1} = 0,9$ mm bzw. $d_{Draht,2} = 0,95$ mm ergeben sich 21 Schichten. Für die weitere Analyse werden 20 Diskretisierungsstufen verwendet. Zu Beginn wird, korrespondierend zum obigen Vorgehen, rein die Verlustverteilung, ohne Berücksichtigung der Temperaturabhängigkeit (das heißt ohne Verlustskalierung) untersucht. Abb. 6.36 zeigt die resultierenden Temperaturverläufe. Es zeigt sich eine sehr gute Übereinstimmung zwischen den auf Basis der analytischen Berechnungsmethode übergebenen Verlustwerten und der mittels FEM erzeugten Werte. Um die geringen Abweichungen interpretieren zu können wird der Verlauf der Verlustfaktoren in radialer Richtung für beide Modelle, Analytik und FEM, dargestellt (siehe Abb. 6.37). Es ist zu erkennen, dass speziell im Bereich der Nutöffnung die durch FEM berechneten Verluste höher sind. Während im FEM Modell verhältnismäßig viele Drähte nahe der Nutöffnung liegen, beruht das analytische Modell auf einer angenommenen Gleichverteilung der Drähte innerhalb der Nut. Die erhöhte Drahtdichte im Bereich der Nutöffnung in Verbindung mit der kleinen Schichthöhe bei 40 betrachteten radialen Schichten führt zu den beiden „Ausreißern" in Abb. 6.37. Die folglich höhere Verlustdichte nahe der Nutöffnung führt zu einer erhöhten Maximaltemperatur, sowohl in dem FEM gespeisten thermischen Netzwerkmodell als auch im gekoppelten Referenzmodell. Es ist jedoch darauf hinzuweisen, dass die Gesamtverluste in der Analytik um 3 % überschätzt werden.

Im nächsten Schritt wird die Temperaturabhängigkeit der Verluste mit berücksichtigt. Die Verluste werden lokal, das heißt je Schicht, mittels der erweiterten Skalierungsformel unter Verwendung von $\beta = 1$ skaliert. Die Skalierung findet rein im thermischen Modell statt. Die Abb. 6.38 zeigt die berechneten Temperaturen. Wie den Grafiken zu entnehmen ist, stimmen die Ergebnisse sehr gut überein. Die leicht geringeren Verlustdichten im Bereich der Nutöffnung innerhalb des analytischen Modells führen zu einer geringfügig niedrigeren Maximaltemperatur. Somit ist gezeigt, dass die analytische Verlustberechnung, die vorgestellte Methode zur Verlustübergabe in die thermische Domäne und die hergeleiteten Skalierungsfunktionen zu sehr guten Ergebnissen führen.

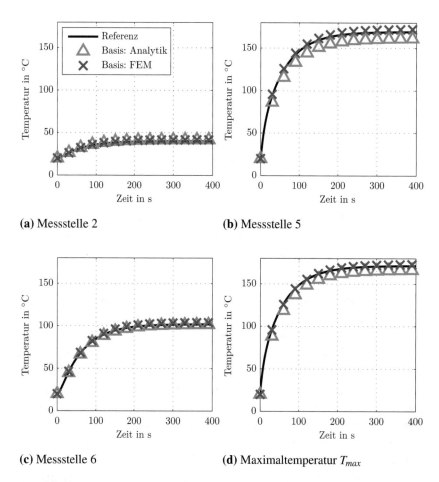

(a) Messstelle 2

(b) Messstelle 5

(c) Messstelle 6

(d) Maximaltemperatur T_{max}

Abbildung 6.36: Vgl. der Temperaturverläufe auf Basis der analyt. (20 rad. Schichten) und num. Verlustberechnung; keine Berücksichtigung der Temperaturabh. der Verluste

6.1.6 Fazit

Da im weiteren Verlauf andere Verlustarten analysiert werden, wird an dieser Stelle ein Fazit für die in diesem Kapitel untersuchten Kupferverluste gegeben. Zu Beginn des Kapitels werden die Grundlagen, beginnend bei den klassisch-

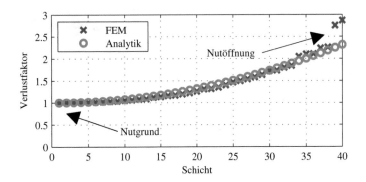

Abbildung 6.37: Vergleich der ermittelten Verlustfaktoren zwischen FEM und Analytik, betrachtet an 40 radialen Positionen innerhalb der Nut

ohmschen Verlusten bis hin zu Zusatzverlusten durch Wirbelströme erläutert. Im Einsatzbereich von Elektro- und Hybridfahrzeugen ist der Proximity-Effekt aufgrund der hohen elektrischen Frequenzen von Bedeutung. Der Skin-Effekt ist dagegen, durch entsprechend klein gewählte Drahtdurchmesser, zu vernachlässigen. Beim untersuchten Maschinenmuster ergibt sich eine Steigerung der Kupferverluste durch den Proximity-Effekt von knapp 20 %. Durch die magnetischen Randbedingungen tritt dieser Zusatzanteil allein im Aktivteil der Maschine auf. Dort treten somit weitaus größere Verlustanstiege, im untersuchten Beispiel bis zu 45 %, auf. Die Zusatzverluste im Wickelkopf können bei geringen Drahtdurchmessern und somit auch bei dieser Maschine vernachlässigt werden. Sollten Profildrähte größeren Querschnitts zum Einsatz kommen, ist dieser Anteil zu berücksichtigen.

Zur Realisierung der verteilten Wicklung derartiger Maschinen stellen automatisierte Einzugstechniken den Normalfall dar. Hierbei ergibt sich eine oft chaotische und nicht bekannte Drahtlage. Durch notwendige Parallelschaltungen der Drähte können Kreisströme auftreten, welche die Kupferverluste erhöhen. Innerhalb dieser Arbeit werden Verfahren erarbeitet um diese Verluste simulativ, analytisch und auch messtechnisch quantifizieren zu können. Für das untersuchte Muster zeigte sich, dass sich im Fall einer ungünstigen Drahtlage die Gesamtverluste bei 11000 $\frac{U}{min}$ um 65 %, das heißt 3,2 kW vergrößern. Wei-

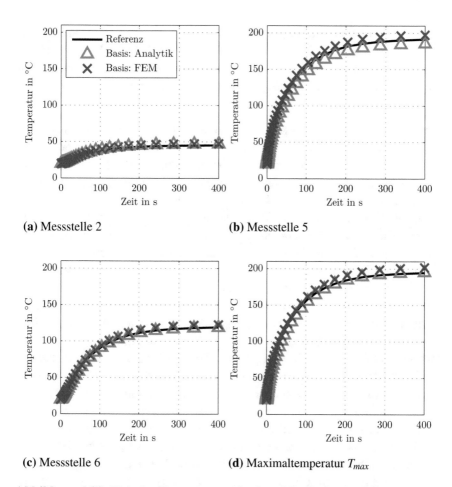

(a) Messstelle 2

(b) Messstelle 5

(c) Messstelle 6

(d) Maximaltemperatur T_{max}

Abbildung 6.38: Vgl. der Temperaturverläufe auf Basis der analyt. (20 Schichten) und num. Verlustberechnung unter Berücksichtigung der Temperaturabh. der Verluste; erw. Skalierung mit $\beta = 1$

tergehend erlaubt es die vorgestellte Messmethode, Rückschlüsse auf die Qualität der vorliegenden Drahtlage zu ziehen. Mittels FEM-Rechnungen können die Messwerte sehr gut bestätigt werden. Die analytische Berechnung zeigt hinsichtlich schlechter Drahtlagen größere Abweichungen, welche diskutiert werden.

Im zweiten Teil dieses Kapitels wird die Schnittstelle zur thermischen Simulation untersucht. Wie beschrieben sind für genaue Temperaturvorhersagen auf Basis thermischer Netzwerkmodelle Kenntnisse über die lokale Verlustverteilung sowie über das temperaturabhängige Skalierungsverhalten von entscheidender Bedeutung. Es wird aufgezeigt, dass die Verluste innerhalb der Nut aufgrund des Proximity-Effektes stark inhomogen auftreten. So zeigt das durchgeführte Beispiel, dass ein Draht nahe der Nutöffnung ein Mehrfaches der Verluste wie ein Draht am Nutgrund aufweist. Diese Verlustinhomogenität ist im thermischen Modell zwingend zu beachten. Durch die zur Nutöffnung ansteigenden Verluste kommt es sowohl zu einem Anstieg der Maximaltemperatur als auch zu einer Verschiebung der Maximaltemperatur in Richtung der Nutöffnung, wenn die Verlustinhomogenität berücksichtigt wird. Ein radiales Schichtenmodell zur Übergabe der innerhalb der FEM ermittelten Verlustwerte wird eingeführt und erfolgreich getestet. Zur Validierung wird ein vollständig zwischen der elektromagnetischen und thermischen Domäne elementweise gekoppeltes FE-Referenzmodell verwendet. Im durchgeführten Beispiel können die Temperaturen des Referenzmodells auf wenige Kelvin genau nachgebildet werden. Eventuelle Verluste durch Kreisströme werden an dieser Stelle nicht berücksichtigt, da von einer guten Drahtlage ausgegangen wird bzw. in der Realität die Kompensationseffekte über einzelne Nuten hinweg die Kreisströme minimieren sollten. Die Anzahl an radialen Schichten und die daraus folgende Anzahl an radialen Diskretisierungsstufen im thermischen Modell werden allgemeingültig erarbeitet und können auf Basis der Nuthöhe dividiert durch den Drahtdurchmesser für beliebige Maschinen berechnet werden.

Im weiteren Verlauf wird anhand der gekoppelten Referenzlösung das Skalierungsverhalten der Kupferverluste untersucht. Es zeigt sich, dass die Verluste, aufgeteilt nach klassisch-ohmschen Verlusten und Zusatzverlusten, lokal skaliert werden müssen. Eine Skalierung auf Basis der mittleren Wicklungstemperatur, wie es in der Praxis üblicherweise gemacht wird, führt bei relevanten Zusatzverlusten zu deutlichen Fehlern. Des Weiteren wird erarbeitet, dass die

Zusatzverluste durch den Proximity-Effekt für derartige Maschinen, bei denen
der Skin-Effekt zu vernachlässigen ist, mit dem Kehrwert der Temperaturabhängigkeit des spezifischen Widerstandes zu skalieren sind. Dies wird allgemeingültig gezeigt. Die ermittelten Skalierungsvorschriften ermöglichen die
Skalierung der Kupferverluste direkt im thermischen Modell. Der angestellte
Vergleich zeigt eine sehr gute Übereinstimmung der Temperaturen zwischen
dem thermischen Netzwerkmodell und der gekoppelten Referenzlösung. Hierbei werden die Verluste in radialen Schichten direkt in das thermische Netzwerkmodell übergeben und dort auch schichtweise in Abhängigkeit des jeweiligen Verlustanteils skaliert.

Aufgrund der enormen Rechenzeiten und der aufwendigen Modellerstellung
ist die Kupferverlustberechnung mittels FE-Simulation für den täglichen Entwicklungsprozess von elektrischen Maschinen kaum einsetzbar. Aus diesem
Grund wird die aus der Literatur bekannte analytische Berechnungsmethode
dahingehend erweitert, dass die radiale Abhängigkeit der Verluste innerhalb
der Nut ermittelt wird. Auf Basis einer quadratischen Formfunktion ($k_n(x) =
ax^2 + c$) werden die Verlustfaktoren zum thermischen Netzwerkmodell trans-
feriert. Dies bietet den Vorteil, dass für jede Rechnung, respektive jeden Betriebspunkt, nur die Koeffizienten und nicht der Verlustwert jeder Schicht übergeben werden müssen. Weiterhin ermöglicht die Formfunktion die freie Wahl
der Diskretisierung im thermischen Modell. Auch die Temperaturberechnung
auf Basis der analytischen Methode liefert eine sehr gute Übereinstimmung.
Die Randbedingungen und Annahmen innerhalb des analytischen Formelsat-
zes sind jedoch immer zu beachten und können sich je nach Maschinentyp
unterschiedlich auf die resultierenden Ergebnisse auswirken.

6.2 Eisenverluste

Die Eisenverluste in elektrischen Maschinen werden häufig auch als Ummagnetisierungsverluste bezeichnet. Diese werden durch magnetische Wechselfelder sowohl im Blechpaket des Stators als auch des Rotors hervorgerufen.
Da es in aktuellen Forschungsprojekten eine Vielzahl an Arbeiten über Grundlagen, Verlustmodelle und Einflussfaktoren gibt [30, 36, 66, 67, 97, 104, 110,

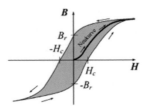

Abbildung 6.39: Beispielhafte Hystereseschleife eines Elektroblechs [114]

113], werden in dieser Arbeit nur ausgewählte Aspekte untersucht. Hierbei sollen zum einen Zusatzverluste in den Randlamellen durch Stirnraumstreufelder und zum anderen ein praktisches Modell zur Berücksichtigung der Stanzkante vorgestellt und untersucht werden. Für die Berechnung wird die sehr gängige Methode nach Jordan [59] verwendet. Durch einen Messabgleich werden die Ergebnisse validiert. Des Weiteren werden, entsprechend dem Ziel der Arbeit, die Schnittstelle zur thermischen Simulation analysiert und etwaige Anforderungen abgeleitet.

6.2.1 Verlustmechanismen

Die im Elektroblech (kurz E-Blech) einer elektrischen Maschine anfallenden Eisenverluste werden üblicherweise in Hysterese- $P_{V,Fe,Hys}$ und Wirbelstromverluste $P_{V,Fe,Wirbel}$ aufgeteilt. Die Hystereseverluste entstehen, wie dem Namen zu entnehmen, aus dem Hystereseverhalten des Materials. Wird dieses mit einer ansteigenden magnetischen Feldstärke aufmagnetisiert und anschließend mit einem entgegengesetzten magnetischen Feld wieder entmagnetisiert, so beschreibt die Magnetisierungskennlinie nicht den gleichen Verlauf. Es entsteht eine Hystereseschleife (siehe Abb. 6.39) deren Flächeninhalt die spezifische Energie für jeden Zyklus beschreibt. Diese ist proportional zu den resultierenden Hystereseverlusten. Die zweite Verlustart, die Wirbelstromverluste, entsteht durch die induzierten Spannungen im Blech, welche durch den zeitlich wechselnden magnetischen Fluss hervorgerufen werden. Entsprechend der elektrischen Leitfähigkeit des verwendeten Blechs werden Wirbelströme induziert. Bei entsprechend hohen Frequenzen ist eine Rückwirkung auf das hervorrufende Feld möglich, was wiederum zu einer Änderung der Hystereseverluste

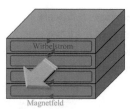

Abbildung 6.40: Schematische Darstellung der Wirbelstrombahnen in einem
geblechten Paket

führt [66]. Des Weiteren kann bei sehr hohen Frequenzen der Skin-Effekt im
Blech auftreten, welcher eine inhomogene Feld- und Stromdichteverteilung
und somit eine Verluständerung zur Folge hat. Um die Wirbelstromverluste
zu minimieren, werden elektrische Maschinen geblecht ausgeführt (üblicherweise liegen die Blechdicken zwischen 0,2 und 0,5 mm) und die Bleche sind
standardmäßig zumindest einseitig mittels Lack isoliert. Abb. 6.40 zeigt schematisch die Wirbelstrombahn für ein vom magnetischen Wechselfluss durch-
setztes Blechpaket.

6.2.2 Stand der Technik - Kurzzusammenfasung

Eisenverluste stellen einen der am meisten untersuchten Verlusteffekte in elektrischen Maschinen dar. Es existieren viele verschiedene Ansätze zur Berechnung der Eisenverluste, wovon die meisten auf FEM basieren [30, 66, 67, 97,
113]. Innerhalb dieser Arbeit werden hierzu keine Untersuchungen angestellt,
sondern das in der Praxis gängigste Berechnungsverfahren nach Jordan [59]
angewandt. Zum anderen ist der Literatur zu entnehmen, dass sowohl die Be-
arbeitung (z.B. Stanzen [2, 63, 104, 110, 117], Paketieren [104, 110] oder
Schweißen [66]), als auch die spätere Einbausituation (Beispiel: Einpressen in
das Gehäuse [35, 110]) großen Einfluss auf die resultierenden Eisenverluste
haben.

Da in der Praxis aus Gründen der Rechenzeit und Modellkomplexität üblicherweise nur zweidimensionale FEM-Modelle eingesetzt werden, werden Effekte im Stirnraum der Maschine vernachlässigt. Im weiteren Verlauf der Arbeit

wird der Einfluss von Streufeldern im Stirnraum auf die resultierenden Eisenverluste untersucht. Derartige Felder können senkrecht in das Blechpaket eintreten und dort aufgrund der somit unwirksamen Blechung vergrößerte Wirbelstromverluste hervorrufen. In der Literatur lassen sich hierzu nur sehr wenige
Untersuchungen finden, welche dann jedoch vertieft auf veränderte Maschine-
neigenschaften und weniger auf die Verluste eingehen [36, 58]. Daneben wird
in dieser Arbeit ein neues Verfahren zur Berücksichtigung der Schädigung im
Bereich der Stanzkante vorgestellt. So werden die Verlusterhöhung und die ver-
schlechterte relative Permeabilität berücksichtigt. In der Literatur werden hierzu wenige Modelle vorgestellt: Es existieren relativ einfache Modelle, welche
jedoch rein auf Annahmen basieren [63] und sehr aufwendige Modelle, welche
durch komplexe Materialmessung/-zuweisung gekennzeichnet sind [2, 117].
Das hier vorgestellte Verfahren zeichnet sich durch eine schnelle Modellerstellung aus und basiert auf relativ einfach messbaren Materialwerten.

Hinsichtlich der Schnittstelle zur thermischen Simulation ist dem allgemeinen
Stand der Technik zu entnehmen, dass die Verlustlokalität oft nur begrenzt
berücksichtigt wird. Teilweise werden die Eisenverluste nur in Rotor- und
Statorverluste getrennt [19, 71, 76, 87]. Mittlerweile wird öfters ein höherer
Diskretisierungslevel gewählt, um Temperaturen genauer zu berechnen [18].
Auf Basis der ausgewählten Maschine wird eine erweiterte, hinsichtlich ei-
ner genauen Temperaturberechnung nötige, Verlustdiskretisierung erarbeitet.
Hinsichtlich der Temperaturabhängigkeit der Verluste finden sich einzelne Arbeiten [66, 86, 107], welche diesen Effekt untersuchen. Jedoch existiert keine
allgemeingültige Vorschrift zur Temperaturskalierung der Eisenverluste. Auf
Basis verschiedener Quellen wird in dieser Arbeit eine Skalierungsvorschrift
abgeleitet.

6.2.3 Berechnungsgrundlagen

Dem aktuellen Stand der Technik ist eine Vielzahl an Berechnungsmodellen
zu entnehmen [30, 66, 67, 97, 113]. Hierbei geht ein Großteil aller Methoden
auf die von Steinmetz entwickelte Gleichung bei vorausgesetzt zeitlich sinusförmigem Feldverlauf im Elektroblech zurück [113]:

$$p_{Fe} = c f^{\alpha} \hat{B}^{\beta}. \qquad \text{Gl. 6.72}$$

Hierbei stellen c, α und β Koeffizienten dar, welche anhand von Probenmessungen ermittelt werden müssen. Jordan [59] unterteilte die genannte Gleichung in die oben genannten, physikalisch erklärbaren Hysterese- und Wirbelstromverluste:

$$p_{Fe} = p_{Hys} + p_{Wirbel} = k_{Hys}f\hat{B}^2 + k_{Wirbel}f^2\hat{B}^2.$$
$$\text{Gl. 6.73}$$

Der Wirbelstromanteil kann auf Basis der Maxwell'schen Gleichungen bestimmt werden. Er ergibt sich gemäß [16] zu

$$p_{Wirbel} = \frac{\pi^2}{6}\frac{1}{\rho_{Fe}}d^2 f^2\hat{B}^2$$

$$\text{und somit } k_{Wirbel} = \frac{\pi^2}{6}\frac{1}{\rho_{Fe}}d^2 = \frac{\pi^2 d^2}{6\rho_{Fe}}.$$
$$\text{Gl. 6.74}$$

Die genannte Formel gilt für ein ideales, unendlich langes, nicht geschädigtes Blech der Blechdicke d und dem spezifischen elektrischen Widerstand ρ_{Fe}. Ab sehr großen Frequenzen ist der Skin-Effekt zu beachten. Da in der Realität kein ideales Blech vorliegt, wird k_{Wirbel} auch anhand von Probenmessungen bestimmt. In weiteren von Pry und Bean durchgeführten Untersuchungen [94] wird ein empirischer Verlustfaktor (Excess-Verlustfaktor η_{Exc}) eingeführt, um einen besseren Abgleich zwischen Messung und Rechnung zu erreichen:

$$p_{Fe} = k_{Hys}f\hat{B}^2 + \eta_{Exc}k_{Wirbel}f^2\hat{B}^2$$
$$\text{mit } \eta_{Exc} > 1.$$
$$\text{Gl. 6.75}$$

Bertotti [13, 14, 15] erweiterte das Modell im weiteren Verlauf auf drei Terme:

$$p_{Fe} = k_{Hys}f\hat{B}^2 + k_{Wirbel}f^2\hat{B}^2 + k_{Exc}f^{1,5}\hat{B}^{1,5}$$
$$\text{Gl. 6.76}$$

Er entwickelte eine Theorie zur Erklärung der Excess-Verluste und stellte eine daraus resultierende Formel auf, um k_{Exc} zu berechnen [14, 34]. Den gezeigten Modellen steht eine Vielzahl weiterer Ansätze gegenüber [30, 66]. In dieser Arbeit wird der Ansatz von Jordan (Gleichung (Gl. 6.73)) gewählt. Erklärt wird dieses Vorgehen durch die physikalische Begründbarkeit des Ansatzes und der Tatsache, dass dieses Verfahren die aktuell gängigste Methode in der Praxis darstellt. Um die angeführten Koeffizienten zu ermitteln, sind Probenmessungen des gewählten Materials notwendig. Diese werden üblicherweise mittels Epsteinrahmen, Single-Sheet-Tester oder Ringkernen ermittelt.

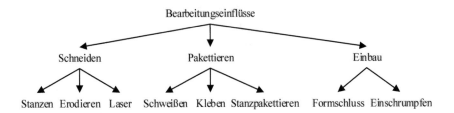

Abbildung 6.41: Bearbeitungseinflüsse Elektroblech

Dennoch werden Abweichungen zwischen den berechneten und gemessenen Eisenverlusten am Maschinenmuster auftreten. Dieser nicht unerhebliche Anteil ist auf den Fertigungsprozess der Maschine zurückzuführen. Abb. 6.41 stellt mögliche Einflussfaktoren dar. Alle gezeigten Effekte haben eine Schädigung/Veränderung der Materialeigenschaften zur Folge und führen im Normalfall zu einer Verlusterhöhung [2, 35, 44, 66, 104, 117]. In der Realität sind diese von vielen Faktoren, wie etwa dem Werkzeugzustand beim Stanzvorgang oder dem gewählten Blechschnitt, abhängig. Aus diesem Grund werden sogenannte Korrekturfaktoren oder Design-Faktoren [66] eingeführt, um einen Abgleich zwischen Messung und Simulation zu erreichen. Diese Faktoren liegen üblicherweise zwischen 1,3 und 2 [66, 80]. Für spezielle Anwendungen und kleine Maschinen kann dieser Wert sogar noch deutlich darüber liegen [66]. Im Umkehrschluss bedeutet dies eine Verlusterhöhung von mindestens 30 %. Durch eventuelle Gegenmaßnahmen, wie etwa eine Schlussglühung des Blechpakets, lässt sich das Materialverhalten teilweise wieder verbessern.

Probenmessung und Parametrierung der Verlustberechnung

In dem in dieser Arbeit untersuchten Maschinenmuster werden Elektrobleche der Firma Voestalpine[†] mit der Spezifikation M330-35A eingesetzt. Dies entspricht einem nicht kornorientierten Blech mit einer Dicke von 0,35 mm und maximalen Eisenverlusten in Höhe von 3,3 $\frac{W}{kg}$ bei 1,5 T und 50 Hz. Das verwendete Blech ist beidseitig isoliert. Für die Arbeit wird von der Firma Voestalpine ein Datensatz entsprechender Messungen bereitgestellt. Es ist davon

---

[†]Voestalpine AG, Sitz in Linz (Österreich)

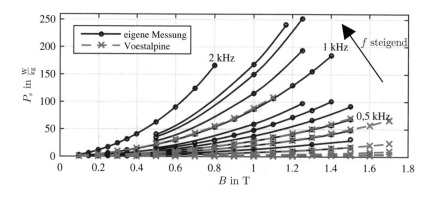

Abbildung 6.42: Eigens bzw. von Voest gemessene Eisenverluste

auszugehen, dass diese Daten über mehrere Chargen hinweg ermittelt werden und somit einen guten Mittelwert darstellen. Des Weiteren werden im Rahmen dieser Arbeit Proben des genannten Materials eigens vermessen. Da die vom Hersteller gelieferten Daten nur einen Frequenzbereich bis 1000 Hz abdecken (vgl. maximale Maschinengrundfrequenz = 1200 Hz), wird der Messbereich auf bis zu 2000 Hz erweitert. Abb. 6.42 zeigt die gemessenen Werte. Zwischen beiden Messungen ist eine gute Übereinstimmung zu erkennen. Anhand der vorhandenen Messwerte lassen sich die Koeffizienten k_{Hys} und k_{Wirbel} zur Parametrierung von Gleichung (Gl. 6.73) bestimmen. Aufgrund des größeren Messbereichs und der guten Übereinstimmung zwischen beiden Messreihen werden im Folgenden die eigenen Werte verwendet. Innerhalb des verwendeten FEM-Programms werden die Eisenverluste in $\frac{W}{m^3}$ berechnet. Hierfür ergeben sich bei Anwendung der Methode der kleinsten Fehlerquadrate folgende Koeffizienten:

$$k_{Hys} = 272,53 \frac{m}{\Omega s}$$
$$k_{Wirbel} = 0,4 \frac{m}{\Omega}$$

Gl. 6.77

Abb. 6.43 zeigt den Vergleich der gemessenen und approximierten Werte. Wie bereits angesprochen wird der Fertigungseinfluss typischerweise über Korrekturfaktoren (hier: k_{Fe}) abgebildet. Dieser wird für die untersuchte Maschine

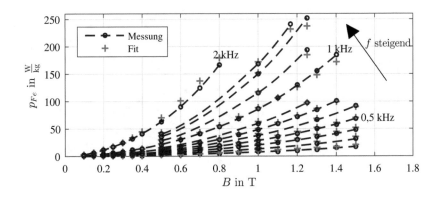

Abbildung 6.43: Vergleich der gemessenen und gefitteten Verlustdaten

aufgrund von späteren Messreihen bestimmt. Es ergibt sich für diese Arbeit folgende Gleichung zur Eisenverlustberechnung:

$$p_{Fe} = k_{Fe} \cdot (p_{Hys} + p_{Wirbel}) = k_{Fe} \cdot \left(k_{Hys} f \hat{B}^2 + k_{Wirbel} f^2 \hat{B}^2\right) \qquad \text{Gl. 6.78}$$

Des Weiteren wird auch die Magnetisierungskennlinie des verwendeten Blechs gemessen und für die folgenden Berechnungen im FEM-Modell hinterlegt. Diese ist im Anhang A.5 dargestellt.

6.2.4 Verlustanalyse

Im folgenden Kapitel werden verschiedene, die Eisenverluste beeinflussende Faktoren untersucht. Zu Beginn wird der Einfluss des Vorsteuerwinkels (und damit verbunden auch die Auswirkungen einer möglichen Schrägung) auf die resultierenden Eisenverluste analysiert. Im nächsten Unterkapitel wird der Einfluss von Streufeldern im Stirnraum geprüft. Anschließend wird ein praktisches Modell zur Berücksichtigung der verschlechterten magnetischen Eigenschaften im Bereich der Stanzkante vorgestellt, evaluiert und diskutiert. Dieses zeichnet sich durch Praxisnähe und einfache Umsetzbarkeit aus. Im Nachgang an die beschriebenen Kapitel findet eine Validierung der Modelle anhand von Messungen statt.

Tabelle 6.4: Vergleich der berechneten Eisenverluste auf Basis einer 2D- und 3D-Rechnung. Berücksichtigung der Schrägung im 3D-Modell

	2D in W	3D in W	Differenz in %
$P_{V,Fe,gesamt}$	2771,6	2911,5	-4,8
$P_{V,Fe,Stator}$	2360,8	2473,3	-4,5
$P_{V,Fe,Rotor}$	410,7	438,1	-6,3

Einfluss Vorsteuerwinkel / Schrägung

Es ist bekannt, dass sich der Vorsteuerwinkel[‡] auf die resultierenden Eisenverluste auswirkt [25]. Bei ungeschrägten Maschinen wird diese Abhängigkeit durch die standardmäßig eingesetzte 2D-FEM automatisch berücksichtigt. Wird jedoch eine geschrägte Maschine betrachtet, so ergeben sich in axialer Richtung unterschiedliche Vorsteuerwinkel, welche demzufolge eine inhomogene Eisenverlustverteilung verursachen. Um dies exemplarisch darzustellen wird der Betriebspunkt bei maximaler Drehzahl und maximalem Drehmoment[§] anhand eines 3D-FEM-Modells berechnet (kontinuierliche Statorschrägung, 9° mechanisch). Dieser Punkt wird aufgrund seiner hohen Eisenverluste und seiner Relevanz für die thermische Simulation, respektive der resultierenden Dauerleistung, ausgewählt. Es wird darauf hingewiesen, dass es sich hierbei um eine beispielhafte Betrachtung handelt, welche nicht den ungünstigsten Fall bezüglich der auftretenden Inhomogenität darstellt.

Abb. 6.44a und Abb. 6.44b zeigen die mittels dem geschrägten 3D-Modell berechneten Eisenverluste für Stator und Rotor. Hierbei werden die Verluste des 3D-Modells zur Vergleichbarkeit für sechs äquidistante, axiale Schichten diskret zusammengefasst. Der Vorsteuerwinkel für diesen Betriebspunkt variiert somit in Abhängigkeit der axialen Position zwischen $-43,09°$ und $-97,09°$. Die resultierende Inhomogenität der Eisenverluste in axialer Richtung ist eindeutig zu erkennen. Unter Vernachlässigung der Schrägung und einer Eisenverlustberechnung anhand eines 2D-Modells ergibt sich hinsichtlich der Gesamteisenverluste nur eine Abweichung von 5 % (siehe Tabelle 6.4). Vergleicht man die daraus resultierenden Verluste jedoch mit der geschrägten Variante,

---

[‡]Erklärung Vorsteuerwinkel siehe Kapitel 2
[§]$M = 59,5$ Nm; $n = 12000 \frac{U}{min}$; $I_{Ph} = 228$ A; $\alpha = -70,09°$

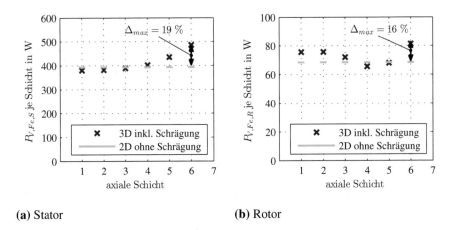

(a) Stator   **(b)** Rotor

Abbildung 6.44: Einfluss der Schrägung auf die Eisenverluste im Stator und
Rotor, betrachteter Betriebspunkt bei n_{max} und M_{max}: Vergleich einer 3D-Rechnung inklusive kontinuierlicher Schrägung und einer 2D-Rechnung

so ergeben sich lokale Abweichungen von bis zu 19 % (siehe Abb. 6.44a und
Abb. 6.44b). Die Auswirkungen auf das resultierende Temperaturbild beziehungsweise die notwendige lokale Diskretisierung der Verluste für die thermische Simulation werden in Abschnitt 6.2.5 erarbeitet. Zur Vermeidung großer
Rechenzeiten für dreidimensionale Modelle kann die Inhomogenität in axialer Richtung durch mehrere 2D-Rechnungen approximiert werden. Für die gezeigte Maschine haben sich fünf, über die axiale Länge äquidistant verteilte
Vorsteuerwinkel als ausreichend erwiesen.

Einfluss von Streufeldern im Stirnraum

Wie bereits erwähnt werden zur Berechnung der Eisenverluste standardmäßig 2D-FEM-Modelle verwendet. Diese Modelle können somit keine dreidi-
mensionalen Effekte, wie z.B. Streufelder im Stirnraum, abbilden. Diese Einflüsse werden üblicherweise durch die globalen Korrekturfaktoren berücksichtigt, welche durch einen Messabgleich gewonnen werden. Auf Basis derartiger Korrekturfaktoren geht jedoch die lokale Verlustinformation verloren. Aus

Abbildung 6.45: Schematische Darstellung der Wirbelstrombahn bei senkrecht zur Blechebene eintretenden Magnetfeldern (vgl. Abb. 6.40)

diesem Grund wird im folgenden Kapitel der Einfluss möglicher Streufelder im Stirnraum der Maschine auf die Eisenverluste in den Randlamellen analysiert. Hier ist in erster Näherung an Streufelder durch den Wickelkopf zu denken. Derartige Streufelder dringen senkrecht in das Blechpaket ein. Hieraus resultierende Wirbelströme sind aufgrund der axialen Feldrichtung von der Blechung unbeeinflusst und könnten dementsprechend verhältnismäßig große Wirbelstromverluste hervorrufen. Abb. 6.45 zeigt skizzenhaft die resultierende Wirbelstrombahn. Um die genannten Effekte zu untersuchen ist ein 3D-Modell inklusive der Stirnraummodellierung nötig. Des Weiteren ist die klassische Berechnung der Wirbelstromverluste nach Jordan für senkrecht eintretende Magnetfelder nicht gültig. Aus diesem Grund müssen die Lamellen im Endbereich der Maschine einzeln modelliert werden. Über Zuweisung einer elektrischen Leitfähigkeit und Verwendung einer transienten Simulation können die Wirbelströme und somit auch die Wirbelstromverluste in den Lamellen direkt berechnet werden. Um die gesamten Eisenverluste in den einzelnen Lamellen (EL) zu berechnen wird zudem die Berechnung gemäß Jordan verwendet. Da die Wirbelstromverluste bereits transient berechnet werden, muss der entsprechende Korrekturfaktor k_{Wirbel} um diesen Anteil reduziert werden. Dieser kann gemäß Gleichung (Gl. 6.74) berechnet werden und ergibt sich zu $k_{Wirbel,analyt} = 0,387$. Der aus den Probenmessungen ermittelte Wert liegt bei $k_{Wirbel,Mess} = 0,4$. Die resultierende Differenz kann realen Zusatzverlusten, wie z.B. Excessverlusten, entsprechen und wird für die nachfolgende Rechnung durch $k_{EL,Zusatz,Wirbel}$ erfasst. Diese Excess-Verluste werden im Berechnungsmodell nach Jordan nicht separat berücksichtigt und verteilen sich somit auf die Wirbelstrom- und Hystereseverluste. Somit ergibt sich für die Simulati-

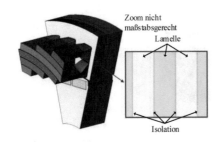

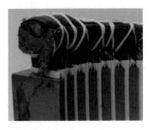

(a) 3D-Modell   (b) reales Schnittmodell

Abbildung 6.46: Vergleich zwischen FEM-Modell und realer Maschine

on zur vollständigen Berechnung der Eisenverluste in den Randlamellen neben der transienten Wirbelstromberechnung folgender Parametersatz:

$$k_{EL,Hys} = 272,53 \frac{m}{\Omega s}$$

$$k_{EL,Zusatz,Wirbel} = k_{Wirbel,Mess} - k_{Wirbel,analyt} = 0,013 \frac{m}{\Omega}$$

Gl. 6.79

Abb. 6.46a zeigt das erstellte Modell. Der Wickelkopf wird in Anlehnung an ein reales Schnittmodell, unter Einhaltung der geometrischen Abmessungen, vereinfacht modelliert (vgl. Abb. 6.46b). Auf eine einzelne Drahtmodellierung wird aus Zeit- und Komplexitätsgründen verzichtet. Um etwaige Stirnraum-effekte dieser Maschine abzubilden sind 20 Endlamellen einzeln modelliert. Dazwischen wird die vorhandene Isolation/Luft mit einer Dicke von $d_{Iso} = 0,1$ mm nachgebildet. Diese wird etwas breiter als in Realität definiert, um die Anzahl axialer Netzelemente zu beschränken. Zudem wird das restliche Modell aus Rechenzeitgründen axial verkürzt ausgeführt ($l_{Fe,Modell} = 12,8$ mm). Für diesen Modellteil werden die unter Gleichung (Gl. 6.77) ermittelten („normalen") Faktoren verwendet. Es wird darauf hingewiesen, dass an dieser Stelle keine weiteren Korrekturfaktoren, zum Beispiel zur Berücksichtigung eventueller Fertigungseinflüsse, verwendet werden. Dies wird damit begründet, dass der untersuchte Effekt standardmäßig selbst in einem solchen Korrekturfaktor enthalten ist. Somit würde ein, aus beispielsweise vorangegangenen Messungen abgeleiteter, globaler Korrekturfaktor im Umkehrschluss zu einer Überschätzung führen. Es ist jedoch zu erwähnen, dass im Zuge der vorgestellten Methode die später ermittelten Verluste aufgrund von Fertigungseinflüs-

Tabelle 6.5: Ausgewählte Betriebspunkte zur Abschätzung des Einflusses durch Stirnraumfelder

	n in $\frac{U}{min}$	M in Nm	I_{Ph} in A	α in °	Bemerkung
BP1	3800	210	400	-29,82	Eckpunkt
BP2	12000	60	228,7	-70,00	max. n (f_{el}), max. M
BP3	3800	60	107,8	-25,4	Teillast
LL1	3800	0	0	-	Drehzahl wie BP3
LL2	12000	0	0	-	Drehzahl wie BP2, max $n(f_{el})$

Tabelle 6.6: Ergebnisse der ausgewählten Betriebspunkte zur Abschätzung des Einflusses durch Stirnraumfelder

	$P_{V,Fe,ges,3D}$ in W	$P_{V,Fe,ges,2D}$ in W	ΔP in W	Anstieg in %	$k_{Fe,Stirn}$
BP1	764,4	673,9	90,5	13,4	1,134
BP2	1974,4	1863,5	110,9	6,0	1,060
BP3	315,9	309,0	6,9	2,2	1,020
LL1	204,9	204,3	0,6	0,3	1,003
LL2	1329,5	1311,2	18,3	1,4	1,014

sen (beispielsweise Schädigung der Randlamellen) etwas zu gering ausfallen könnten. Jedoch bietet sich somit die Möglichkeit einen Korrekturfaktor abzuleiten, welcher rein die axialen Stirnraumeffekte abbildet. Für die folgende Untersuchung werden drei Arbeitspunkte im motorischen Betrieb und zwei Punkte im Leerlauf berechnet. Es zeigt sich, dass die oben genannten 20 Lamellen notwendig sind, um die Verluste in erster Näherung hinreichend genau abschätzen zu können. Tabelle 6.6 zeigt sowohl die absolute wie auch die relative Verlustzunahme durch die genannten Zusatzverluste. Um diese Daten ermitteln zu können wird ein 2D-Modell als Referenz verwendet. Je nach Betriebspunkt stellen sich unterschiedliche Verlustzunahmen ein. Die Werte variieren zwischen 1,4 % und 13,4 % bzw. 7 W und 111 W. Die in der Tabelle dargestellten Werte beziehen sich auf die Gesamtmaschine. Für die im Endbereich der Maschine lokal auftretenden Verluste ist somit der angegebene Wert zu halbieren. 20 Lamellen entsprechen, bei Vernachlässigung der Isolation, 7 mm. Bezogen auf BP1 sind somit in den Randlamellen (letzte 7 mm) circa 45 W Zusatzverluste zu erwarten. Abb. 6.47 zeigt die ermittelten Verlust-

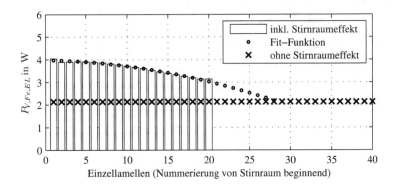

Abbildung 6.47: Eisenverluste in den Randlamellen im BP1

werte in den Einzellamellen. Zum Vergleich ist der Verlustwert einer Einzel-lamelle, unter Vernachlässigung von Stirnraumeffekten (entspricht 2D-FEM), dargestellt. Es ist zu erkennen, dass die 20 modellierten Lamellen noch nicht ausreichend sind, um den Verlustwert im Maschineninneren zu erreichen. Dies deutet auf eine leichte Unterschätzung der Verluste hin. Durch eine Abschät-zung mittels einer Fit-Funktion zweiten Grades ist zu erkennen, dass zur kor-rekten Erfassung für diesen Betriebspunkt 28 modellierte Randlamellen nötig sind. Die Darstellung zeigt zudem, dass in den äußersten Randlamellen nahezu doppelt so hohe Eisenverluste wie im Maschineninneren auftreten. Alle nach-folgend aufgeführten Abbildungen beziehen sich auf BP1. Zur Untersuchung der Verlustursache wird ein weiteres Modell erstellt, welches sich durch axi-al verlängerte Leiter auszeichnet (→ Verlagerung des Wickelkopfes in sehr große Entfernung zur Randlamelle). Dadurch treffen keine axialen Streufelder des Wickelkopfes auf die Randlamellen. Abb. 6.48 zeigt die Modelle und die resultierende, effektive Feldkomponente in z-Richtung. Wie den Grafiken zu entnehmen ist, ergibt sich in beiden Fällen die nahezu identische Feldvertei-lung im Blechpaket. Dies bedeutet im Umkehrschluss, dass der Wickelkopf in diesem Fall keine Zusatzverluste in den Randlamellen verursacht. Dies lässt sich dadurch begründen, dass die drei Phasen im Wickelkopf nahe beieinan-der liegen und sich die Summe ihrer Felder, als Folge der verschwindenden Stromsumme, ebenfalls näherungsweise zu Null ergibt. Zudem wirkt sich der vorhandene Abstand zwischen Endlamelle und Wickelkopf positiv aus. Bei

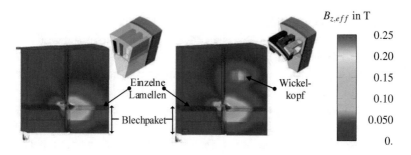

Abbildung 6.48: Vergleich der magnetischen Flussdichte in z-Richtung ohne / mit Wickelkopf

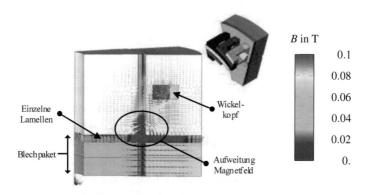

Abbildung 6.49: Aufweitung des Magnetfeldes im Bereich des Luftspalts

Einzelzahnwicklungen, welche sich durch extrem eng anliegende Wickelköpfe auszeichnen, ist dieser Effekt jedoch nicht zu unterschätzen.

Für die untersuchte Maschine lassen sich die Zusatzverluste durch die Feldaufweitung im Bereich des Luftspalts erklären[¶]. Abb. 6.49 zeigt den Effekt zu einem festen Zeitpunkt. Durch die hohe Permeabilität des Eisens im Stator und Rotor kommt es im Bereich des Luftspaltes ($\mu_r = 1$) zu einer Feldaufweitung [36, 58]. Dieser Effekt ist auch von Transformatoren bekannt [26, 74]. Durch diese Feldaufweitung entstehen in den Randlamellen senkrecht zur Blechebe-

---

[¶]Im englischen wird dieser Effekt mit „fringing" bezeichnet, was so viel wie „ausfransen/umsäumen" des Luftspaltfelds bedeutet.

ne eintretende Magnetfelder, welche die vorher besprochenen, zusätzlichen Wirbelstromverluste hervorrufen. Die Unterschiede in den einzelnen Betriebspunkten (siehe Tabelle 6.6) lassen sich auf verschiedene Effekte zurückführen. In den Betriebspunkten 1 und 2 treten die größten magnetischen Flussdichten auf, was zu einer hohen Feldbelastung nahe des Luftspalts führt. Diese verstärkt die Feldaufweitung und führt somit zu größeren Stirnraumfeldern, welche teilweise axial in das Blechpaket eintreten. Somit kommt es hier zu den größten absoluten Verlustzunahmen. Der prozentuale Anstieg nimmt bei maximaler Drehzahl etwas ab, da die Eisenverluste bei hohen Frequenzen generell sehr groß sind. Aufgrund der geringen Flussdichten im Teillastbereich (BP 3) sind die Zusatzverluste im Betrieb hier am geringsten.

Die deutlich geringeren Verlustzunahmen im Leerlauffall (LL1 und LL2) lassen sich sowohl durch den niedrigeren Sättigungszustand als im bestromten Fall, als auch durch den geringeren Wechselfeldanteil im Rotor erklären. Das Magnetfeld der Permanentmagnete wirkt im Leerlauf auf den Rotor nahezu als DC-Feld. Aufgrund des wesentlich geringeren Wechselfeldanteils im Rotor gegenüber dem bestromten Fall treten hier deutlich weniger Zusatzverluste durch axiale Streufelder auf. Zudem ist die geometrische Beschränkung der Wirbelstrombahnen axial eintretender Felder zu beachten. Wirbelströme im Rotor können sich nahezu über die gesamte Rotorfläche ausbreiten, während im Stator die Wirbelstrombahn durch die geringe Zahnbreite begrenzt ist. Auf Basis der angeführten Erklärung ist bei dieser Maschine eine Vernachlässigung dieser Zusatzverluste im Leerlauf möglich. Im Betrieb der Maschine können diese Verluste jedoch sowohl für die Verlustbilanz als auch für die thermische Simulation relevant sein.

Einfluss Stanzprozess und Berechnungsmodell

Auswirkungen des Stanzens

Es ist allgemein bekannt, dass sich das Stanzen ohne eine Schlussglühung der Bleche bzw. des Blechpakets negativ auf die Materialeigenschaften und somit auf die Magnetisierbarkeit bzw. die Verluste auswirkt [2, 44, 63, 66, 73, 104, 110, 117]. Es gibt eine Vielzahl an Arbeiten und Untersuchungen, die

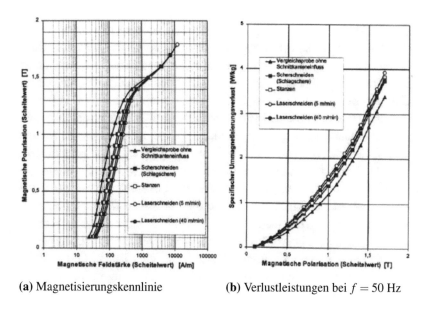

(a) Magnetisierungskennlinie   (b) Verlustleistungen bei $f = 50$ Hz

Abbildung 6.50: Vergleich verschiedener Trennverfahren [104]

dies messtechnisch belegen. Ein Grundlagenwerk hierzu stellen die Untersuchungen von Schoppa dar [104]. Hierbei untersucht er Blechproben verschiedener Hersteller. Diese werden schrittweise mit einer Schlagschere parallel zur Längsseite zerteilt. Für die anschließenden Messungen werden die Proben wieder entsprechend ihrer Ausgangsgeometrie zusammengelegt. Dies ist notwendig, um den Einfluss der Probengeometrie auf die Messergebnisse zu minimieren. Die Messungen werden mittels Epsteinrahmen an Blechen der Dicke $d = 0,5$ mm durchgeführt. Durch die zunehmende Anzahl an Streifen steigt der Anteil der geschädigten Zone. Anhand der Messergebnisse ist eindeutig erkennbar, dass sich der Stanzprozess nachteilig auf die Magnetisierungskennlinie und auf die Verlustkurven auswirkt. Abb. 6.50 zeigt, dass das Trennen mittels Schlagschere in grober Näherung dem Stanzprozess entspricht. Wie bereits erwähnt, handelt es sich bei Schoppa um rein messtechnische Untersuchungen. Eine Methode zur Berechnung des Stanzkanteneinflusses bei elektrischen Maschinen wird nicht gegeben. Auf der anderen Seite findet man in der Literatur einige wenige Beiträge, welche sich mit der Umsetzbarkeit derartiger Effekte in Berechnungsprogrammen beschäftigen [2, 63, 73, 117]. In [110] wird gezeigt, dass die magnetische Schädigung des Materials im Bereich der Stanzkante breiter ist als die messbare mechanische Aufhärtungszone im Randbereich. Zudem wird, wie bei Schoppa, gezeigt, dass die Verluste im dortigen Bereich steigen und die Magnetisierbarkeit abnimmt. In [63] und [117] wird die Stanzkante im FEM-Modell durch einen oder mehrere Streifen entlang der Stanzkante explizit modelliert. Während in [63] nur die Methode an sich vorgestellt wird und die Materialwerte auf reinen Annahmen bestehen, wird in [117] ein sehr komplexes und zeitaufwendiges Modell dargestellt. Hierbei muss die Magnetisierungskurve als Funktion in Abhängigkeit des Abstandes zur Stanzkante definiert werden. Für die Verlustberechnung ist ein erweiterter Berechnungsansatz, welcher eine Vielzahl zu bestimmender Verlustkoeffizienten (wiederum in Abhängigkeit des Abstandes zur Stanzkante) enthält, nötig. Die Parametrierung erfolgt anhand gemessener Daten. Das Verfahren wird anschließend an einer Maschinen-Prototypenmessung validiert. Es zeigt sich, dass die Stanzkante bei diesem Beispiel einen wesentlichen Teil (knapp 50 %) des normalerweise verwendeten globalen Korrekturfaktors darstellt. Der restliche Anteil lässt sich durch weitere fertigungsbedingte Einflüsse begründen.

Modell zur Berücksichtigung der Stanzkante in FEM

Ziel dieser Arbeit soll es sein, ein praktisches und einfach umsetzbares Modell zur Abschätzung des Stanzkanteneinflusses bei der Berechnung von elektrischen Maschinen vorzustellen und zu validieren. Basis bilden hierbei die Untersuchungen von Nolle [91]. Ähnlich wie bei Schoppa werden die Blechproben mehrfach längsgeteilt und per Epsteinrahmen vermessen. Allerdings werden die Proben nach dem Messen schlussgeglüht, um eine Aufhebung der magnetischen Schädigung im Bereich der Stanzkante zu erreichen. Somit ist es möglich, die durch das Trennen entstandenen Zusatzverluste zu bestimmen. Dieses Verfahren wird für eine Vielzahl an Blechen (alle mit der Dicke 0,5 mm) durchgeführt. Des Weiteren werden Messungen an „walzharten" Blechen, d.h. an Blechmaterial, welches selbst bei der Herstellung nicht geglüht wird, durchgeführt. Die aufgestellte These besteht darin, dass dieses walzharte Blech ein ebenso mechanisch geschädigtes Material wie die geschädigte Zone im Bereich der Stanzkante darstellt. Es zeigt sich, dass in guter Näherung die Materialparameter von walzhartem Blech im Bereich der Stanzkante implementiert werden können. Es ergibt sich hierbei eine näherungsweise konstante Breite für die geschädigte Randzone (im Folgenden als Stanzkantenbreite bezeichnet) von 0,5 mm. Dies entspricht der verwendeten Blechdicke und kann für verschiedene Frequenzen und Induktionen in guter Näherung ermittelt werden.

Durch die Bestimmung der geschädigten Zone sowie die Identifikation der dort vorliegenden Materialeigenschaften (Messung von walzhartem Blech) ist dieses Verfahren in FEM-Modellen gut umsetzbar. Dies gilt sowohl für die Ermittlung der Materialkennwerte (*B*-*H*-Kennlinien und Verlustkurven), die beim Hersteller ohne großen Aufwand direkt gemessen werden können, als auch für die Umsetzung in der FEM, da hier nur eine zusätzliche Zone konstanter Breite definiert werden muss. Außerdem ist die Methode unabhängig vom simulierten Blechschnitt.

Durchgeführte Messreihen

Zur Ermittlung der wirksamen Stanzkantenbreite b_{SK} werden entsprechende Versuchsreihen zusammen mit der Firma Voestalpine, deren Blech verbaut ist, durchgeführt. Beim verbauten Blech handelt es sich um das ISOVAC330-35A HF. Dieses zeichnet sich durch geringere Verluste bei hohen Frequenzen aus (siehe Kürzel HF = High Frequency). Zu Beginn wird das Blech im walzharten Zustand, d.h. vor der Schlussglühung im Single-Sheet-Tester vermessen. Abb. 6.51 und Abb. 6.52 zeigen die gemessenen Daten. Zur besseren Vergleichbarkeit sind die gemessenen Standardwerte auch dargestellt. Hinsichtlich der Verlustkurven werden nur vier unterschiedliche Frequenzen dargestellt, um einen besseren Überblick zu gewährleisten. Wie zu erkennen ist, zeichnen sich die walzharten Bleche durch deutlich größere Ummagnetisierungsverluste und eine schlechtere Magnetisierbarkeit aus. Dies spiegelt die Untersuchungen von Schoppa wider. Werden die Eisenverlustfaktoren gemäß der Gleichung nach Jordan (siehe Gleichung (Gl. 6.73)) ermittelt, so fällt auf, dass vor allem der

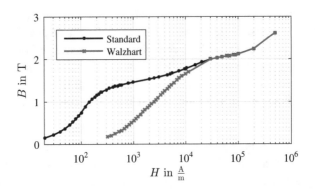

Abbildung 6.51: Vergleich der gemessenen Magnetisierungskennlinien ($f =$ 50 Hz); Standard und walzharter Zustand

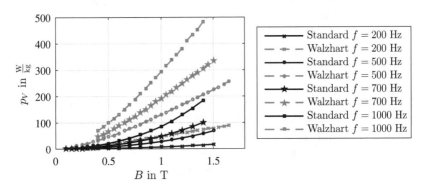

Abbildung 6.52: Vgl. ausgewählter Verlustkurven, Standard und walzharter Zustand

Hystereseanteil (Faktor 4,7 größer) deutlich ansteigt (vergleiche dazu Wirbelstromanteil: Faktor 1,8 größer):

$$k_{Hys,walzhart} = 1273,32\,\frac{m}{\Omega s} \quad (\text{vgl. } k_{Hys,standard} = 272,53\,\frac{m}{\Omega s}) \quad \text{Gl. 6.80}$$

$$k_{Wirbel,walzhart} = 0,72\,\frac{m}{\Omega} \quad (\text{vgl. } k_{Wirbel,standard} = 0,4\,\frac{m}{\Omega}) \quad \text{Gl. 6.81}$$

Dieser Effekt wird auch bei Schoppa durch die Messung der unterschiedlichen Streifen festgestellt und belegt somit im Grundsatz die These, walzhartes Material im Bereich der Stanzkante zu definieren. Mittels Schlagschere werden aus dem Standardblech (schlussgeglüht) verschiedene Streifen herausgeschnitten. Dieses Verfahren ist zur Abbildung von Stanzkanten zulässig, da das Schneiden per Schlagschere in guter Näherung dem Stanzprozess entspricht [104]. Alle folgenden Messungen werden mittels eines Epsteinrahmens (Streifengröße 300 mm x 30 mm) durchgeführt. Gemessen werden ein, zwei oder drei nebeneinanderliegende Streifen der Breite 30 mm, 2 x 15 mm oder 3 x 10 mm. So ergeben sich 2, 4 oder 6 die Messung beeinflussende „Stanzkanten". Zudem werden Schlagscheren unterschiedlicher Güte verwendet. Es kommen eine neue und damit scharfe Schere (Bezeichnung: „gut"), eine sich schon etwas in Gebrauch befindliche Schere (Bezeichnung: „mittel") und eine alte, sehr stumpfe Schere (Bezeichnung: „schlecht") zum Einsatz. Die verschiedenen Scheren simulieren die Güte bzw. die Abnutzung des Stanzwerkzeugs. Nach der Messung werden die Streifen einer Referenzglühung unterzogen ($T = 780$ °C, Dauer = 90 min, Aufheizrate = 200 K/h, Abkühlrate = 150 K/h). Dadurch wird die magnetische Schädigung im Bereich der Stanzkante wieder aufgehoben. Durch ein erneutes Messen kann somit der ungeschädigte Verlustwert bestimmt werden.

In einer Vorabmessung bei 1,5 T und 50 Hz konnte festgestellt werden, dass der Schneidspalt der Schere keinen Einfluss auf die Verluste hat. Die entsprechenden Daten können dem Anhang A.6 entnommen werden. Abb. 6.53a zeigt den Einfluss der Stanzkantenanzahl auf die resultierenden Verluste bei $f = 50$ Hz und $J = 1,5$ T (schlechte Schere). Die Verluststeigerung durch das Schneiden ist eindeutig nachzuweisen. Demgegenüber stellt Abb. 6.53b die Abhängigkeit von der Scherengüte dar. Hier zeigt sich, dass mit abnehmender Scherengüte die Verluste ansteigen. Dieser Effekt kann anhand der aufgezeichneten Schnittbilder, welche im Anhang A7.1 dargestellt sind, nachvollzogen werden. Die schlechtere Magnetisierbarkeit lässt sich Abb. 6.54 entnehmen. Der Rückgang der relativen Permeabilität in Abhängigkeit von der Anzahl der geschädigten Zonen ist direkt erkennbar. Es wird darauf hingewiesen, dass dies speziell im Bereich mittlerer Polarisationen, d.h. zwischen 0,5 und 1,25 T auftritt. Im Sättigungsbereich sind nahezu keine Unterschiede identifizierbar. Abb. 6.55 zeigt beispielhaft die Auswirkungen des Nachglühens. Unabhängig von der Anzahl an Schnitten ergeben sich für die mittels der schlechten Schere geschnittenen nachgeglühten Sreifen die ursprünglichen Verlustwerte des schlussgeglühten

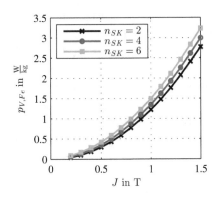 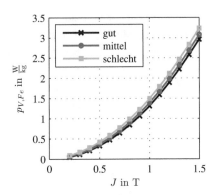

(a) Einfluss der Stanzkantenanzahl bei Verwendung einer schlechten Schere

(b) Einfluss der Scherengüte bei 6 Stanzkanten

Abbildung 6.53: Darstellung verschiedener Stanzeinflüsse auf die spezifischen Verluste bei $f = 50$ Hz und $J = 1{,}5$ T

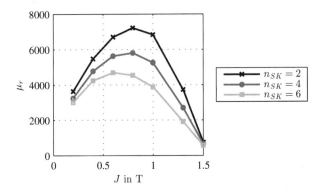

Abbildung 6.54: Einfluss der Stanzkantenanzahl auf die relative Permeabilität bei Verwendung einer schlechten Schere ($f = 50$ Hz und $J = 1{,}5$ T)

Elektroblechs. Zu Vergleichszwecken sind die Verluste der mittels der guten Schere geschnittenen Streifen aufgetragen. Wie zu erwarten ist, liegen die Kurven des nachgeglühten Elektroblechs nahezu deckungsgleich. Diese zeigen

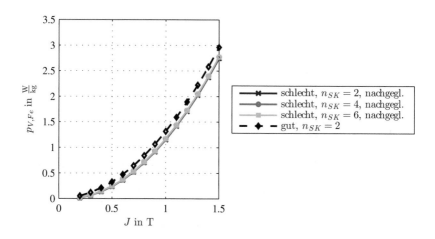

Abbildung 6.55: Einfluss des Nachglühens auf die spezifischen Verluste bei Verwendung einer schlechten Schere ($f = 50$ Hz und $J = 1,5$ T)

trotz schlechter Schere geringere Verluste als die mittels guter Schere geschnittenen, nicht nachgeglühten Streifen. Zur Verdeutlichung des Stanzkanteneinflusses werden die gemessenen Verluste für unterschiedliche Scheren über die Anzahl an Stanzkanten aufgetragen (siehe Abb. 6.56a und Abb. 6.56b). Der Einfluss der Messergüte und der Stanzkantenanzahl ist deutlich zu erkennen. Unter der vorgestellten Annahme, dass im Bereich der geschädigten Zone die Verlustparameter walzharten Blechs gelten und in der ungeschädigten Zone „Standard-Blech" vorliegt, kann die Stanzkantenbreite b_{SK} ermittelt werden. Abb. 6.57 skizziert einen Epsteinstreifen und die beschriebene geschädigte Randzone.

Folgende Gleichung beschreibt den gegebenen Zusammenhang zur Ermittlung der typischen Stanzkantenbreite:

$$b_{SK} = \frac{\left(p_{V,Fe,Mess} - p_{V,Fe,standard}\right) \cdot 30 \text{ mm}}{\left(p_{V,Fe,walzhart} - p_{V,Fe,standard}\right) \cdot n_{SK}}$$

Gl. 6.82

Hierbei beschreibt $p_{V,Fe,Mess}$ den gemessenen Verlustwert im Epsteinrahmen, $p_{V,Fe,standard}$ den Verlustwert des ungeschädigten Elektrobleches und

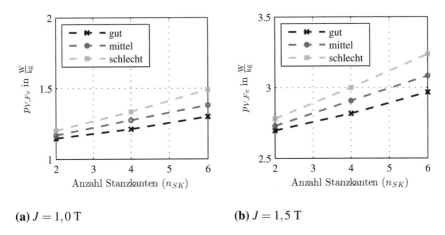

(a) $J = 1,0$ T

(b) $J = 1,5$ T

Abbildung 6.56: Einfluss der Scherengüte in Abhängigkeit von der Anzahl an Stanzkanten ($f = 50$ Hz)

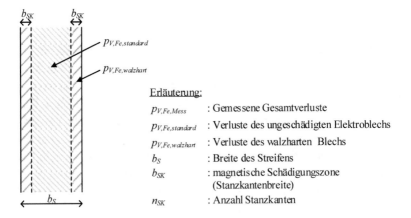

Erläuterung:

$p_{V,Fe,Mess}$	: Gemessene Gesamtverluste
$p_{V,Fe,standard}$	: Verluste des ungeschädigten Elektroblechs
$p_{V,Fe,walzhart}$	: Verluste des walzharten Blechs
b_S	: Breite des Streifens
b_{SK}	: magnetische Schädigungszone (Stanzkantenbreite)
n_{SK}	: Anzahl Stanzkanten

Abbildung 6.57: Skizze eines Epsteinstreifens (Standardbreite $b_S = 30$ mm). Darstellung der geschädigten und ungeschädigten Zone.

$p_{V,Fe,walzhart}$ den Verlustwert des walzharten Blechs. n_{SK} beschreibt die Anzahl der zu berücksichtigenden Stanzkanten. Abb. 6.58 zeigt die resultierende relative Stanzkantenbreite in Abhängigkeit der Polarisation $(0, 2 | 1, 0 | 1, 5$ T$)$ bei 50 Hz und unterschiedlicher Scherengüte. Hinsichtlich steigender Polarisation ist

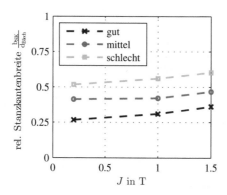

Abbildung 6.58: Relative Stanzkantenbreite in Abhängigkeit der Polarisation bei 50 Hz und unterschiedlicher Scherengüte

Tabelle 6.7: Resultierende mittlere relative Stanzkantenbreite in Abhängigkeit der Scherenqualität bei $f = 50$ Hz. Zusätzliche Darstellung der Änderung zwischen den einzelnen Scherengüten.

Scherengüte	gut	mittel	schlecht
$\frac{b_{SK}(50\text{Hz},\text{J})}{d_{Blech}}$	0,314	0,435	0,561
Änderung	1	1,39	1,79

eine leichte Zunahme der Stanzkantenbreite feststellbar. Wie zu erwarten ist, führt eine schlechtere Messerqualität zu einem vergrößerten magnetisch geschädigten Bereich und damit zu breiteren Stanzkanten. Die sich im Mittel für die einzelnen Scherengüten ergebenden Breiten, welche relativ zur Blechdicke angegeben werden, lassen sich Tabelle 6.7 entnehmen.

Im nächsten Schritt wird die Frequenzabhängigkeit der Parameter analysiert. Aufgrund des hohen Aufwandes für die gezeigten Messungen werden die Proben nur mit der guten Schere hergestellt und die Polarisation bei 1,5 T festgesetzt. Abb. 6.59a zeigt die Verlustzunahme in Abhängigkeit der Anzahl an Stanzkanten. Um die Ergebnisse in einem Diagramm zeigen zu können, wird der Verlustwert relativ zu dem Wert ohne Stanzkante (nachgeglüht) angegeben. Zudem wird aus Gründen der besseren Darstellbarkeit auf einige gemessene

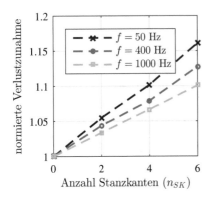

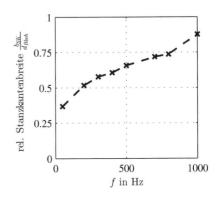

(a) Normierte Verlustzunahme in Abhängigkeit von der Frequenz unter Verwendung der guten Schere ($J = 1,5$ T)

(b) Resultierende Stanzkantenbreite in Abhängigkeit der Frequenz bei Verwendung der guten Schere ($J = 1,5$ T)

Abbildung 6.59: Einfluss der Frequenz auf die Verlustzunahme durch das Stanzen (a) und auf die resultierende Stanzkantenbreite (b). Beides bei Verwendung der guten Schere

Frequenzen verzichtet. Die mit steigender Frequenz abnehmende relative Verlustzunahme lässt sich durch den ansteigenden Einfluss der Wirbelstromverluste erklären. Diese sind, wie vorab erläutert, nur gering von der Schädigung betroffen, während die Hystereseverluste stark ansteigen. Die quadratische Abhängigkeit der Wirbelstromverluste führt nun bei hohen Frequenzen zu den sinkenden, relativen Verlustzunahmen. Unter Verwendung von Gleichung (Gl. 6.82) kann die Stanzkantenbreite in Abhängigkeit der Frequenz bestimmt werden. Abb. 6.59b stellt die ermittelten Werte dar. Wie zu erkennen ist, steigt die Stanzkantenbreite mit zunehmender Frequenz. Allgemein ist jedoch festzuhalten, dass die resultierende Breite in einem relativ kleinen Bereich schwankt. So nimmt diese, bei 1,5 T und Verwendung der guten Schere, Werte zwischen ungefähr 0,15 und 0,3 mm an. Die gezeigte Frequenzabhängigkeit könnte auf eine Ungenauigkeit des vorgestellten Modells deuten. Daneben könnten aber auch Messungenauigkeiten bei hohen Frequenzen die resultierenden Werte beeinflussen. Die mittlere Feldlinienlänge innerhalb des Epsteinrahmens ist pauschal mit 0,94 m definiert. Da sich die Überlappungsbereiche bei zusätzlich unterteilten Blechen zwangsläufig nachteilig ändern, ist eine Auswirkung der Messmethode auf die Ergebnisse zu erwarten.

Im Folgenden soll für das verwendete Elektroblech eine mittlere wirksame Stanzkantenbreite ermittelt werden. Zu Beginn wird auf Basis der gezeigten Werte (siehe Abb. 6.59b) für die gute Schere und $J = 1,5$ T eine mittlere relative Stanzkantenbreite in Abhängigkeit der Frequenz ermittelt:

$$\frac{b_{SK}(gut; \bar{f}; 1,5 \text{ T})}{d_{Blech}} = 0,632 \qquad \text{Gl. 6.83}$$

Es gilt jedoch zu beachten, dass dieser Wert nur für Messungen bei 1,5 T ermittelt worden ist. Wie Abb. 6.58 zu entnehmen ist, treten hier die größten Breiten auf. Um für die gesuchte mittlere relative Stanzkantenbreite die Polarisationsabhängigkeit zu berücksichtigen, wird ein Korrekturfaktor k_J ermittelt:

$$k_J = \frac{b_{SK}(gut; 50 \text{ Hz}; \bar{J})}{b_{SK}(gut; 50 \text{ Hz}; 1,5 \text{ T})} = \frac{0,31}{0,36} = 0,86 \qquad \text{Gl. 6.84}$$

Durch Übernahme dieses Korrekturfaktors kann die mittlere relative Stanzkantenbreite neben der Frequenzabhängigkeit um die Polarisationsabhängigkeit ergänzt werden. Somit ergibt sich:

$$\frac{b_{SK}(gut; \bar{f}; \bar{J})}{d_{Blech}} = \frac{b_{SK}(gut; \bar{f}; 1,5 \text{ T})}{d_{Blech}} \cdot k_J = 0,632 \cdot 0,86 = 0,544 \qquad \text{Gl. 6.85}$$

Da der ermittelte Wert bislang nur für die gute Schere gilt, wird nun die Scherengüte berücksichtigt. Unter der Annahme, dass die in dieser Untersuchung verwendete schlechte Schere in der Praxis aufgrund diverser Qualitätssicherungmaßnahmen nur sehr unwahrscheinlich eingesetzt wird, wird ein Bereich zwischen guter und mittlerer Schere angegeben. Wie in Tabelle 6.7 berechnet, ergibt sich der Korrekturfaktor für die mittlere Scherengüte zu $k_{Schere,mittel} = 1,39$. Somit ergeben sich folgende mittlere relative Stanzkantenbreiten:

$$\frac{b_{SK}(\overline{Schere}; \bar{f}; \bar{J})}{d_{Blech}} = 0,544 \dots (0,544 \cdot 1,39) = 0,544 \dots 0,75 \qquad \text{Gl. 6.86}$$

Aufgrund der Tatsache, dass in elektrischen Maschinen hohe Induktionen eher mit geringen Frequenzen korrespondieren und möglicher Messungenauigkei-

ten bei hohen Frequenzen, wird für das FEM-Modell eine eher geringe Stanzkantenbreite in Höhe von

$$b_{SK}(\overline{Schere}; \overline{f}, \overline{J}) = 0,6 \cdot d_{Blech} = 0,21 \text{ mm} \qquad \text{Gl. 6.87}$$

gewählt.

Ableitbare Stanzkantenbreiten

Für das in dieser Arbeit untersuchte Blech (ISOVAC330-35A HF der Firma
Voestalpine) ergibt sich eine typische Stanzkantenbreite von $b_{SK} = 0,6 \cdot d_{Blech}$.
Auf der Basis von Nachuntersuchungen zu Nolle [91] in den Jahren 2001/02
ergab sich für die Normgüte M330-50A eine typische Stanzkantenbreite von
$b_{SK,M330-50A} = 0,7 \cdot d_{Blech}$ und für M800-50A $b_{SK,M800-50A} = 0,85 \cdot d_{Blech}$.
Dies zeigt, dass sich das Blech der Firma Voestalpine an dieser Stelle besser
hinsichtlich zu erwartender Zusatzverluste verhält. Die Firma Voestalpine führ-
te in der Folgezeit der hier gezeigten Messreihen weitere Messungen durch,
um die durch das Stanzen hervorgerufenen Zusatzverluste bei einem hochfes-
ten Blech (ISOVAC330-35A HS (HS=High Strength, $R_m = 590$ MPa [120]))
und einem Standard Blech der Güte M330-35A zu vergleichen [121]. Die Messungen erfolgen nur bei 50 Hz und 1,5 T. Wird für die Analyse der Stanzkantenbreite angenommen, dass es sich bei dem untersuchten Blech um ein klas-
sisches Standardblech handelt und die in dieser Arbeit gezeigten walzharten
Materialdaten in guter Näherung auch hier gelten, so kann auch hier die relati-
ve Stanzkantenbreite ermittelt werden. Diese ergibt sich dann zu $b_{SK,hochfest} = 0,4 \cdot d_{Blech}$. Insgesamt lässt sich somit festhalten, dass sich mit zunehmender
Härte des Materials die Zusatzverluste durch das Stanzen verringern. Als Fazit
und Orientierungshilfe für weiterführende Arbeiten können folgende Stanzkantenbreiten angegeben werden:

Stanzkantenbreiten:	
Standard Normgüte M800-50A:	$b_{SK} = 0,85 \cdot d_{Blech}$
Standard Normgüte M330-50A:	$b_{SK} = 0,70 \cdot d_{Blech}$
ISOVAC Güten M330-35A, inkl. HF-Güte:	$b_{SK} = 0,60 \cdot d_{Blech}$
Hochfeste Sondergüten M330-35A, inkl. HS-Güte:	$b_{SK} = 0,40 \cdot d_{Blech}$

Abgleich mit Messung

In diesem Kapitel wird das hergeleitete Modell zur Berechnung der Eisenverluste unter Berücksichtigung des Stanzkanteneinflusses mit der Messung verglichen. Als Messdaten dienen die bereits unter Abschnitt 6.1.4 gezeigten Leerlauf- und Kurzschlussmessungen der Maschinen mit guter und schlechter Drahtlage. Wie bereits in Abschnitt 6.2.1 erwähnt, ist der Eisenverlustabgleich nicht direkt möglich, da verschiedene Verlustarten (Eisen-, Reibungs-, Magnet- und Kupferverluste) gleichzeitig vorliegen. Innerhalb dieser Arbeit wird versucht, die gemessenen Verluste zu separieren und anschließend die Eisenverluste zu validieren.

Da im Leerlaufbetrieb permanentmagneterregter Maschinen kein Strom fließt, demzufolge keine Kupferverluste anfallen und eventuelle Zusatzverluste durch Streufelder im stromlosen Betrieb vernachlässigbar sind, eignet sich die Messung gut für den Eisenverlustabgleich. Eventuelle Kreisströme in der Parallelschaltung der einzelnen Drähte werden innerhalb der Leerlaufmessungen untersucht[II], können jedoch nicht festgestellt werden, so dass hier auch keine Zusatzverluste auftreten. Abb. 6.60 zeigt die gemessenen Leerlaufkennlinien für die Maschinen mit der guten und schlechten Drahtlage. Die gezeigten Kennlinien beinhalten nur noch Eisen-, Reibungs- und Magnetverluste. Die Reibungsverluste teilen sich in Lager- und Luftreibungsverluste. Die Magnetverluste fallen aufgrund des stromlosen Zustands der Maschine sehr gering aus und werden mittels 3D-FEM abgeschätzt. Für den Punkt bei maximaler Drehzahl ($n = 11000 \frac{U}{min}$) betragen sie weniger als 10 W. Im nächsten Schritt sind die Reibungsverluste zu separieren. In [89] wird ein Verfahren zur Verlusttrennung auf Basis von Leerlaufmessungen vorgestellt. Dieses beruht auf den in der Literatur bekannten Abhängigkeiten, dass sich Lagerreibungsverluste näherungsweise linear zur Drehzahl ($P_{V,Lager} \sim n$) und Lüftungsverluste annähernd kubisch zur Drehzahl ($P_{V,Luft} \sim n^3$) verhalten. Zudem ist bekannt, dass die Lüftungsverluste bei kleinen Drehzahlen in erster Näherung vernachlässigt werden können. Des Weiteren wird angenommen, dass sich die Eisenverluste in guter Näherung durch die ursprüngliche Steinmetzgleichung (siehe Gleichung (Gl. 6.72)) beschreiben lassen. Wird nun in den weiteren Schritten nicht

---

[II]Auswertung der Ströme in den einzelnen parallelen Drähten mittels Oszilloskop - siehe Kapitel 6.1.4

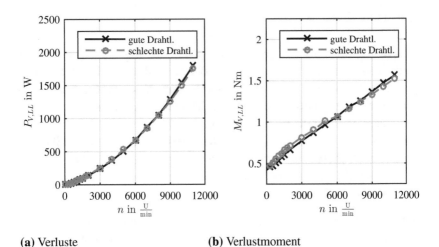

(a) Verluste   **(b)** Verlustmoment

Abbildung 6.60: Mittelwert aller unter gleichen Bedingungen gemessenen Leerlaufkennlinien

die auftretende Verlustleistung, sondern das resultierende Leerlaufmoment M_V betrachtet, so ergibt sich für kleine Drehzahlen:

$$M_{V,LL} = \frac{P_{V,LL}}{\omega} \approx \frac{P_{V,Fe} + P_{V,Lager}}{2\pi n} = M_{V,Fe} + M_{V,Lager} \qquad \text{Gl. 6.88}$$

Somit ergeben sich folgende Abhängigkeiten von der Drehzahl:

$$M_{V,Lager}(n) = \text{const.},$$
$$M_{V,Fe}(n) \sim n^{\alpha-1} \qquad \text{Gl. 6.89}$$

Wird das Leerlaufmoment $M_{V,LL}$ im betrachteten Drehzahlbereich nun nicht mehr über die Drehzahl, sondern über $n^{\alpha-1}$ aufgetragen, so ist ein linearer Verlauf zu erwarten. Für die untersuchte Maschine wird angenommen, dass die Lüftungsverluste unterhalb 2000 $\frac{U}{\min}$ vernachlässigt werden können. Aus den von Voestalpine bereitgestellten Messwerten ergibt sich mittels Kurveninterpolation eine Frequenzabhängigkeit von $f^{1,331}$, so dass sich für das Eisenverlustmoment eine Abhängigkeit von $n^{\alpha-1} = n^{0,331}$ ergibt. Es wird darauf hingewiesen, dass für die Interpolation nur Messwerte bis 200 Hz (entspricht

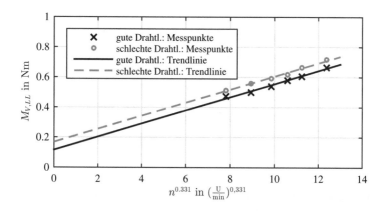

Abbildung 6.61: Anwendung des Verlusttrennungsverfahrens im Bereich von $n = 0 - 2000 \frac{U}{min}$

der Grundfeldfrequenz der Maschine bei $n = 2000 \frac{U}{min}$) berücksichtigt werden. Abb. 6.61 zeigt die Messpunkte und die daraus abgeleiteten Trendlinien des Leerlaufmoments in Abhängigkeit von $n^{0,331}$ für beide Maschinen. Durch Extrapolation der linearen Abhängigkeit erhält man den Ordinatenabschnitt $M_{V,Lager}$, welcher dem konstanten Reibungsanteil entspricht. So beschreibt die lineare Trendliniengleichung

$$M_{V,LL} = mx + M_{V,Lager} \qquad \text{Gl. 6.90}$$

die ermittelte Abhängigkeit, wobei mx den drehzahlabhängigen Eisenverlustanteil $M_{V,Fe}$ darstellt. Bezüglich der angesprochenen Extrapolation auf Null ist es wichtig, ausreichend viele Messpunkte bei kleinen Drehzahlen zu haben. Um dies bei den vorgestellten Messungen zu gewähren, wird der beschriebene Bereich mit einer Schrittweite von $\triangle n = 250 \frac{U}{min}$ abgetastet. Dem Diagramm ist zu entnehmen, dass sich die Lagerreibungsverluste der beiden Maschinen unterscheiden. Wie jedoch Abb. 6.60 zu entnehmen ist, liegen die gemessenen Kennlinien ab mittleren Drehzahlen (ca. $5000 \frac{U}{min}$) wieder nahezu übereinander. Dies könnte auf mögliche Lagereinlaufeffekte bei der Maschine mit der schlechten Drahtlage schließen lassen. Abb. 6.61 zeigt aber auch, dass beide Maschinen nahezu die gleiche Steigung aufweisen, was somit auf nahezu identische Eisenverluste schließen lässt. Dies bedeutet im Umkehrschluss,

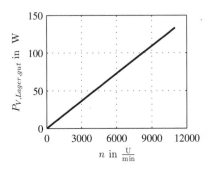

Abbildung 6.62: Mittels dem Verlusttrennungsverfahren ermittelte Lagerreibungsverluste

dass zwischen beiden Maschinen keine fertigungsbedingten Abweichungen zu erwarten sind. Für die beiden Maschinen ergibt sich folgendes Lagerverlustmoment:

$$M_{V,Lager,gut} = 116\,\text{mNm} \quad , \quad M_{V,Lager,schlecht} = 169\,\text{mNm} \qquad \text{Gl. 6.91}$$

Anhand der ermittelten Reibmomente lassen sich nun die Lagerreibungsverluste über den kompletten Drehzahlbereich darstellen (siehe Abb. 6.62). Während dieser Untersuchung hat sich gezeigt, dass eine direkte Bestimmung des Eisenverlustanteils für den gesamten Drehzahlbereich auf Basis des ermittelten Eisenverlustkoeffizienten in Höhe von 1,331 nicht möglich ist. Dieser gilt nur für den betrachteten Drehzahlbereich von $0-2000\ \frac{U}{min}$. Für den gesamten Drehzahlbereich würde sich für die Frequenzabhängigkeit der Eisenverluste ein Exponent von circa 1,58 ergeben. Hierbei ist zu erkennen, dass sich der Koeffizient in Abhängigkeit der Drehzahl ändert. Dies ist eine Schwierigkeit des Verfahrens, welches ursprünglich für am Netz ($f = 50$ Hz) betriebene elektrische Maschinen entwickelt wurde. Eine Ableitung der Lüftungsverluste über das vorgestellte Verfahren ist somit nicht möglich.

Um die ermittelten Lagerverluste zu verifizieren, wird eine weitere Maschinenmessung betrachtet, welche den identischen Lagertyp wie bei den untersuchten Maschinen beinhaltet. Hierbei handelt es sich zwar um eine Asynchronmaschine, jedoch weist der Rotor ähnliche geometrische Abmaße auf. Die gemessene Schleppkennlinie (nur Lager- und Lüftungsverluste) ist in Abb. 6.63a als Ver-

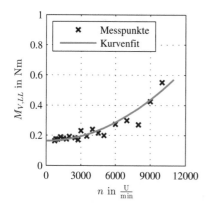
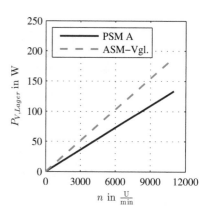

(a) Schleppkennlinie einer Asynchronmaschine

(b) Vergleich der ermittelten Lagerreibungsverluste

Abbildung 6.63: Vergleichsauswertung der Schleppkennlinie einer ASM mit
ähnlichen Rotorabmessungen und identischem Lagertyp

lustmoment über Drehzahl dargestellt. Gemäß oben getroffenen Annahmen
stellt der Schnittpunkt mit der Ordinate das über die Drehzahl näherungsweise
konstante Reibmoment dar. Für diese Messung ergibt sich ein Lagerreibmo-
ment in Höhe von:

$$M_{V,Lager,ASM} = 164\,\text{mNm} \qquad \text{Gl. 6.92}$$

Auf Basis dieses Wertes können die Lagerverluste über den kompletten Drehzahlbereich berechnet und mit den vorab mittels Verlusttrennungsverfahren ermittelten Werten verglichen werden (siehe Abb. 6.63b). Wie zu erkennen ist,
finden sich beide Kennlinien in ungefähr der gleichen Größenordnung wieder. Da die mittels dem Verlusttrennungsverfahren ermittelte Kennlinie auf der
abzugleichenden Messung beruht, wird diese für die weitere Analyse verwendet. Im nächsten Schritt sollen die auftretenden Lüftungsverluste identifiziert
werden. Hierzu wird eine im Vorfeld dieser Arbeit durchgeführte Reibungsver-
lustmessung des gleichen Maschinentyps mit entmagnetisiertem Rotor (damit
keine Eisenverluste) herangezogen. Wie erwähnt handelt es sich um den gleichen Maschinentyp, jedoch mit anderen Lagern. Durch die vorher beschrie-

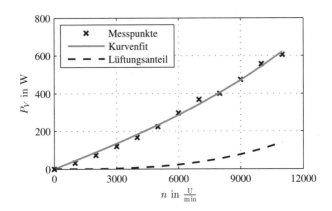

Abbildung 6.64: Ermittlung der Lüftungsverluste aus einer Schleppkennlinie mit entmagnetisiertem Rotor

benen Drehzahlabhängigkeiten der verschiedenen Verlustanteile ($P_{V,Lager} \sim n$ und $P_{V,Luft} \sim n^3$) wird eine entsprechende Trendliniengleichung der Form

$$P_{V,Reibung} = an + bn^3 \qquad \text{Gl. 6.93}$$

berücksichtigt. Hierbei entspricht a dem Lagerverlustanteil und b dem Lüftungsverlustanteil. Abb. 6.64 zeigt die gemessene Kennlinie, die ermittelte Trendlinie, sowie den daraus resultierenden Lüftungsverlustanteil.

Ermittlung der Eisenverluste   Tabelle 6.8 zeigt die resultierenden Eisenverluste im Leerlauf nach Abzug der vorab bestimmten Verlustarten ($P_{V,Fe} = P_{V,Messung} - P_{V,Lager} - P_{V,Luft} - P_{V,Magnet}$). Entsprechend den vorausgegangenen Untersuchungen wird das Simulationsmodell inklusive einer separaten Stanzkante modelliert. Diese wird gemäß vorheriger Ergebnisse mit einer Breite von $b_{SK} = 0,21$ mm (d.h. $0,6 \cdot d_{Blech}$) angenommen. Abb. 6.65 zeigt das verwendete Simulationsmodell. Für die Berechnung der Eisenverluste wird weiterhin das Verfahren nach Jordan (siehe Gleichung (Gl. 6.73)) angewandt. Die unterschiedlichen Verlustfaktoren für Hysterese- und Wirbelstromanteil können dem Beginn des Abschnitts entnommen werden. Um den Einfluss der Stanzkante abschätzen zu können, wird parallel ein Simulations-

Tabelle 6.8: Resultierende Eisenverluste innerhalb der Leerlaufmessung

n	$P_{V,Mess}$	$P_{V,Lager}$	$P_{V,Luft}$	$P_{V,Magnet}$	$P_{V,Fe}$
$\frac{U}{min}$	W	W	W	W	W
500	24,65	6,07	0,01	0,02	18,54
1000	56,26	12,15	0,11	0,06	43,94
1500	95,42	18,22	0,35	0,14	76,70
3000	242,05	36,45	2,84	0,57	202,20
5000	508,13	60,74	13,13	1,58	432,68
7000	866,82	85,04	36,02	3,09	742,66
9000	1289,70	109,34	76,55	5,11	1098,70
11000	1802,24	133,63	139,77	7,64	1521,19

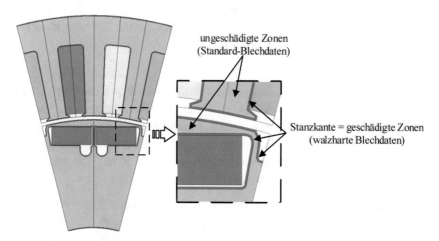

Abbildung 6.65: Simulationsmodell inkl. der separat berücksichtigten Stanz-kante

modell ohne Stanzkante berechnet. In Abb. 6.66 sind die resultierenden Eisen-verluste der beiden Berechnungsmodelle und der Messung gegenübergestellt. Es ist zu erkennen, dass durch die Modellierung der Stanzkante und der dortigen Zuweisung der walzharten Parameter größere Eisenverluste resultieren. Weiterhin zeigt sich, dass die mittels dem Stanzkantenmodell berechneten Verluste zwischen der gängigen Eisenverlustberechnung und der Messung liegen.

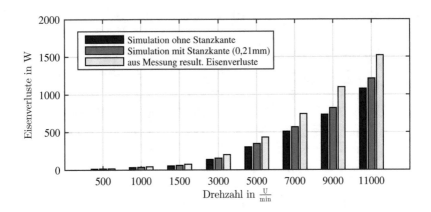

Abbildung 6.66: Vergleich der Simulationsergebnisse mit und ohne model-
lierter Stanzkante gegenüber den aus der Messung zurückgerechneten Eisenverlusten

Dies lässt darauf schließen, dass weitere fertigungsbedingte Einflussfaktoren,
wie z.b. das Einpressen in das Gehäuse oder der Pakettierprozess, noch zu
berücksichtigen sind. Die Ergebnisse zeigen zudem, dass innerhalb dieser Maschine das Stanzen, gemäß dem gezeigten Berechnungsmodell, nur einen Teil
der angesprochenen Verluste durch Fertigungseinflüsse erklärt. Der genaue Anteil wird innerhalb der nächsten Abschnitte quantifiziert.

Um das Eisenverlustmodell gegenüber der Messung abzugleichen, werden nun
die benötigten Korrekturfaktoren bestimmt. Abb. 6.67 stellt die resultierenden Faktoren drehzahlabhängig für beide Berechnungsmodelle dar. Zusätzlich
wird der Anteil des Stanzkanteneinflusses an der fehlenden Verlustdifferenz
zwischen Simulation und Messung sowohl absolut als auch relativ dargestellt
(siehe Abb. 6.68). Es zeigt sich, dass das untersuchte Stanzkantenmodell plau-
sible Ergebnisse liefert. Da die Eisenverluste aufgrund ihrer Frequenzabhängigkeit vor allem bei hohen Drehzahlen relevant sind, wird der benötigte Korrekturfaktor mit der Drehzahl gewichtet (siehe Gleichung (Gl. 6.94)). Um für
die Gewichtung eine äquidistante Verteilung der Wertepaare zu erreichen, wer-

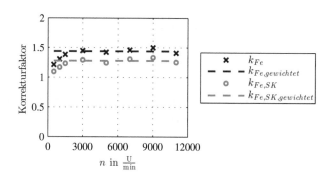

Abbildung 6.67: Vergleich der resultierenden Korrekturfaktoren zum Eisenverlustabgleich: Mit und ohne Modellierung der Stanzkante

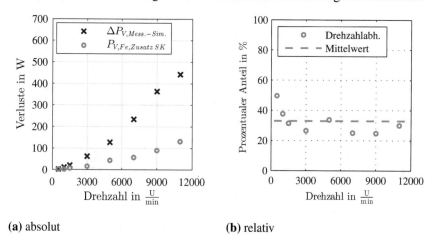

(a) absolut   **(b)** relativ

Abbildung 6.68: Anteil der durch die Stanzkante hervorgerufenen Zusatzverluste gegenüber den Gesamtzusatzverlusten

den Drehzahlen, beginnend bei 1000 $\frac{U}{min}$, in Schritten von 2000 $\frac{U}{min}$ berücksichtigt.

$$k_{Fe,gewichtet} = \frac{\sum_{i=1}^{m} k_{Fe}(n_i) \cdot n_i}{\sum_{i=1}^{m} n_i} \qquad \text{Gl. 6.94}$$

Somit ergeben sich folgende Korrekturfaktoren (siehe Gleichung (Gl. 6.95)) für die weitere Berechnung der Eisenverluste.

$$k_{Fe} = 1,44$$
$$k_{Fe,SK} = 1,28 \qquad \text{Gl. 6.95}$$

Wird ohne Stanzkantenmodell gerechnet, so ist ein Korrekturfaktor k_{Fe} von 1,44 nötig, um die berechneten Eisenverluste den gemessenen Eisenverlusten anzupassen. Unter Berücksichtigung der Stanzkante reduziert sich der Korrekturfaktor $k_{Fe,SK}$ auf 1,28. Hieraus lässt sich ableiten, dass die Stanzkante für die untersuchte Maschine circa 35 % des benötigten Korrekturfaktors und folglich 35 % der fertigungsbedingten Verlusterhöhung begründet (siehe Abb. 6.68). Da der Korrekturfaktor $k_{Fe,glob}$ alle fertigungsbedingten Einflüsse (siehe Abb. 6.41) beinhaltet, ist zu erkennen, dass der Stanzkanteneffekt zwar einen wesentlichen Einflussfaktor darstellt, hier jedoch untypisch gering ausfällt. Dies lässt zum Teil dadurch begründen, dass es sich bei dem untersuchten Motor um eine Maschine mit einem relativ einfachen Blechschnitt handelt. Es ist davon auszugehen, dass Maschinen mit filigraneren Blechschnitten einen noch höheren Anteil des Stanzkanteneinflusses aufweisen (als Vergleich kann z.B. [121] herangezogen werden). Daneben zeigen die abgeleiteten Stanzkantenbreiten in Abschnitt 6.2.4, dass das hier verbaute Elektroblech sich hinsichtlich der sich ergebenden Schädigung eher günstig verhält.

Validierung des Eisenverlustmodells im Kurzschluss   Durch die aus dem Leerlaufversuch gewonnenen Korrekturfaktoren für die Berechnung der Eisenverluste ist es jetzt möglich, diese am Kurzschlussversuch zu validieren. Zu Beginn wird die Annahme getroffen, dass sich die Lager- und Lüftungsverluste im Kurzschlussversuch vergleichbar verhalten. Die im Kurzschluss der Maschine größeren Magnetverluste werden wiederum mittels 3D-FEM abgeschätzt. Die Kupferverluste werden aus Abschnitt 6.1 übernommen. Die Eisenverluste im Kurzschluss werden gemäß Gleichung (Gl. 6.96) bestimmt:

$$P_{V,Fe} = P_{V,Messung} - P_{V,Lager} - P_{V,Luft} - P_{V,Magnet} - P_{V,Cu} \qquad \text{Gl. 6.96}$$

Tabelle 6.9: Resultierende Eisenverluste bei der Kurzschlussmessung

n in $\frac{U}{min}$	$P_{V,Messung}$ in W	$P_{V,Lager}$ in W	$P_{V,Luft}$ in W	$P_{V,Magnet}$ in W	$P_{V,Cu}$ in W	$P_{V,Fe}$ in W
1500	2909,6	18,22	0,35	1,54	2775	114,48
6000	3587,7	72,89	22,68	24,63	2946	521,49
11000	4829,3	133,63	139,77	82,80	3176	1297,10

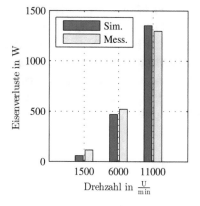

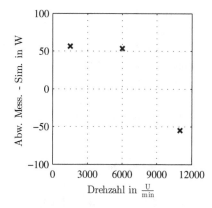

(a) gemessene und berechnete Eisenverluste

(b) Abweichung zw. Simulation und Messung

Abbildung 6.69: Vergleich der simulierten und aus der Messung zurückgerechneten Eisenverluste im Kurzschluss

Die sich somit für den Eisenverlustabgleich ergebenden Werte sind in Tabelle 6.9 dargestellt. Zur Validierung des Eisenverlustmodells wird das vorgestellte Simulationsmodell inklusive der modellierten Stanzkante unter Berücksichtigung des mittleren Korrekturfaktors (1,28) verwendet. Abb. 6.69 zeigt den Vergleich zwischen Messung und Rechnung und die resultierende Abweichung. Den Diagrammen ist eine sehr gute Übereinstimmung der simulierten und gemessenen Werte zu entnehmen. Die resultierenden Abweichungen bewegen sich zwischen -50 und $+50$ W. Insgesamt ergibt sich in Folge dessen eine Abweichung zwischen Messung und Rechnung für die Gesamtverluste im Bereich von besser ± 2 %.

Zusammenfassung   Der durchgeführte Abgleich bzw. die anschließende Validierung zeigt, dass das vorgestellte Modell zur Berücksichtigung der Stanzkante ein praktisch gut umsetzbares Verfahren darstellt und valide Ergebnisse liefert. Es wird hierbei nicht der Anspruch erhoben, die Physik im Bereich der Stanzkante exakt nachzubilden, es soll vielmehr ein handhabbares, gut durchführbares und in erster Näherung valides Modell zur Abschätzung des Stanzkanteneinflusses darstellen. Dieses ermöglicht eine bessere Abschätzung der Eisenverluste im Auslegungsprozess elektrischer Maschinen. Zudem ermöglicht es, den Einfluss verschiedener Blechschnitte hinsichtlich der zu erwartenden Eisenverluste genauer zu untersuchen. Für die hier analysierte Maschine zeigte sich, dass nahezu 35 % der durch Fertigungseinflüsse hervorgerufenen Eisenzusatzverluste durch die Stanzkante begründet werden können. Dies bedeutet im Umkehrschluss, dass die Stanzkante hinsichtlich der Eisenverlustberechnung einen wesentlichen Einflussfaktor darstellt.

6.2.5 Analyse thermisch relevanter Kriterien

Lokalität der Verlustleistung

Ziel dieses Kapitels ist es, die Eisenverlustverteilung innerhalb der Maschine und deren Einspeisung ins thermische Modell zu untersuchen. Hierbei soll analysiert werden, welche räumliche Diskretisierung der Verluste im thermischen Modell notwendig ist, um die resultierenden Temperaturen hinreichend genau zu berechnen. Es ist bekannt, dass die an einem axialen Schnitt der Maschine betrachteten Eisenverluste inhomogen auftreten. Abb. 6.70 und Abb. 6.72 zeigen beispielhaft die Eisenverlustdichte der untersuchten Maschine im Stator und Rotor im Kurzschluss bei $n = 12000 \, \frac{\mathrm{U}}{\mathrm{min}}$. Es ist zu erkennen, dass die größten Eisenverluste nahe zum Luftspalt auftreten. Des Weiteren zeigt sich, dass unterhalb der Permanentmagnete nahezu keine Verluste auftreten. Im weiteren Verlauf der Analyse steht eine für diese Maschine und eventuell allgemeingültige Vorschrift zur Verlustübergabe zwischen elektromagnetischer und thermischer Domäne im Fokus. Da am Ende der Arbeit der Kurzschlussfall auch hinsichtlich der Temperaturentwicklung validiert wird, wird dieser Fall für einen Teil der Untersuchungen herangezogen. Zum anderen werden beliebige Betriebspunkte getestet, um erarbeitete Diskretisierungen zu testen.

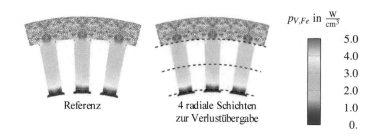

Abbildung 6.70: Stator-Verlustdichte im Kurzschluss bei maximaler Drehzahl ($n = 12000 \frac{U}{min}$) und die daraus abgeleiteten Schichten zur Verlustübergabe

Der aktuelle Stand der Technik zeigt, dass die Verlustlokalität oft nur begrenzt berücksichtigt wird. Teilweise werden die Eisenverluste nur in Rotor- und Statorverluste getrennt [19, 71, 76, 87]. In [18] wird ein höherer Diskretisierungslevel gewählt, um Temperaturen genauer berechnen zu können. Eine umfassende Studie zur notwendigen räumlichen Auflösung der Eisenverlustverteilung lässt sich in aktueller Literatur nicht finden.

Zu Beginn des folgenden Abschnitts wird die Diskretisierung im klassischen 2D-Schnitt der Maschine untersucht. Anschließend wird der Einfluss der Schrägung hinsichtlich einer axialen Verlustdiskretisierung analysiert. Da zum Stand dieser Untersuchung das vorgestellte thermische Modell diesbezüglich noch nicht einsatzfähig ist, wird auf das Simulationstool JMAG, welches sowohl elektromagnetische als auch thermische Simulationen erlaubt, zurückgegriffen (siehe Abschnitt 5.2). In diesem Abschnitt sind auch die relevanten Randbedingungen für diese Analyse aufgeführt. Im Folgenden sollen zuerst der Stator, dann der Rotor im zweidimensionalen Schnitt untersucht werden. Das Ziel besteht darin, eine hinreichend genaue Verlustdiskretisierung zu ermitteln, welche eine genaue thermische Simulation ermöglicht.

2D-Stator Abb. 6.70 zeigt die Eisenverlustdichte im Stator für den Kurzschlussbetrieb bei $n = 12000 \frac{U}{min}$. Würde die Verlustdichte im thermischen Modell als homogen verteilt angenommen werden, würden sich Abweichungen von bis zu 37 K ergeben. Abb. 6.71 zeigt die resultierenden Temperaturen

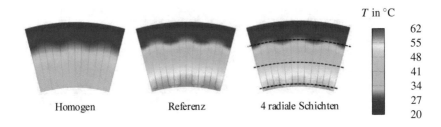

Abbildung 6.71: Resultierende Temperaturen im Stator für verschiedene räumliche Verlusteinspeisungen

für die unterschiedlichen Fälle der Verlusteinprägung. Hinsichtlich der Verlusteinspeisung in die thermische Domäne hat sich gezeigt, dass vier radiale Schichten (Zahnkopf, $\frac{1}{2}$Zahn, $\frac{1}{2}$Zahn, Joch) zu einer guten Übereinstimmung mit der Referenzlösung führen (maximale Abweichung < 2 K). Die Unterteilung in die genannten vier radialen Schichten hat sich auch bei anderen Betriebspunkten als zielführend erwiesen. Diese werden aus Gründen der Übersichtlichkeit nicht dargestellt. In einer Paralleluntersuchung wird zusätzliche eine Maschine mit Lochzahl 2 analysiert. Die radiale Unterteilung in vier Diskretisierungsstufen konnte auch hier als ausreichend bestätigt werden. Jedoch zeigte sich, dass sich die Eisenverluste, je nach Betriebspunkt, in zwei aufeinanderfolgenden Zähnen unterschiedlich ausbilden. Aus diesem Grund kann es unter Umständen nötig sein, zusätzlich auch eine tangentiale Unterteilung zwischen den Zähnen vorzunehmen.

2D-Rotor   Entsprechend der Analyse der Eisenverlustverteilung im Stator wird hier der Rotor im Kurzschluss bei maximaler Drehzahl untersucht. Abb. 6.72 zeigt die Verlustdichte. Auch hier wird bei Betrachtung der Verlustdichte deutlich, dass eine lokale Verlustübergabe notwendig erscheint, um genaue thermische Berechnungen durchzuführen. Der Tatsache geschuldet, dass im Rotor nur Oberfelder (d.h. $f > f_1$) Eisenverluste hervorrufen, schließen sich diese nahe zum Luftspalt. Daher liegt eine radiale Unterteilung (ober- und unterhalb der Magnete) nahe. Abb. 6.73 zeigt die resultierenden Temperaturen für die unterschiedlichen Fälle der Verlusteinspeisung. Die radiale Unterteilung wird so vorgenommen, dass der Kreisbogen die zur Polmitte hin obere Ma-

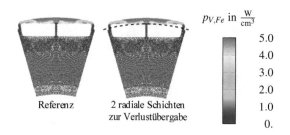

Abbildung 6.72: Rotor-Verlustdichte im Kurzschluss bei maximaler Drehzahl ($n = 12000\,\frac{\mathrm{U}}{\mathrm{min}}$) und die daraus abgeleiteten Schichten zur Verlustübergabe

Abbildung 6.73: Resultierende Temperaturen im Rotor für verschiedene räumliche Verlusteinspeisungen

gnetkante schneidet. Wie erwartet zeigt die radiale Unterteilung gute Ergebnisse (maximale Abweichung < 2 K), während die gleichmäßig homogen verteilte Verlustdichte zu einer deutlichen Unterschätzung (maximale Abweichung 16 K) führt. Eine exakte Vorhersage der Rotor-/Magnettemperatur ist wegen einer möglichen Entmagnetisierung bei hohen Temperaturen bzw. den hohen Kosten für die Magnete von großer Bedeutung. Bei der Validierung der gewählten Diskretisierung zeigte sich, dass sich im Betrieb für unterschiedliche Vorsteuerwinkel einseitige Verlustverteilungen innerhalb eines Pols ergeben können. Abb. 6.74 zeigt ein entsprechendes Beispiel für einen Betriebspunkt bei mittlerer Drehzahl ($n = 6000\,\frac{\mathrm{U}}{\mathrm{min}}$), einem Strom von 164 A und einem Vorsteuerwinkel von $-34°$. Es ist zu erkennen, dass die Verluste hauptsächlich über und seitlich des in Drehrichtung voreilenden Magneten (hier linker Magnet) auftreten. Aus diesem Grund erscheint eine tangentiale Unterteilung in

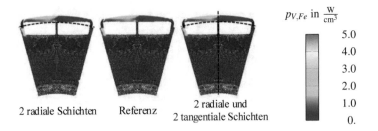

$p_{V,Fe}$ in $\frac{W}{cm^3}$

5.0
4.0
3.0
2.0
1.0
0.

2 radiale Schichten   Referenz   2 radiale und 2 tangentiale Schichten

Abbildung 6.74: Rotor-Verlustdichte im gewählten Betriebspunkt und die daraus abgeleiteten Schichten zur Verlustübergabe

T in °C

128
126
124
122
120

2 radiale Schichten   Referenz   2 radiale und 2 tangentiale Schichten

Abbildung 6.75: Resultierende Temperaturen im Rotor für verschiedene räumliche Verlusteinspeisungen im gewählten Betriebspunkt

der Polmitte als angebracht. Abb. 6.75 zeigt die resultierenden Temperaturen für den genannten Betriebspunkt sowohl für die alleinig radiale Unterteilung, als auch für die radiale und tangentiale Unterteilung. Wie zu erkennen ist, tritt bei Berücksichtigung einer zusätzlichen tangentialen Unterteilung ein verbessertes Ergebnis auf. Trotz des relativ geringen Temperaturhubs ist bei diesem Betriebspunkt die relative Abweichung von Bedeutung. Diese ergibt sich bei der Vernachlässigung der tangentialen Unterteilung zu $\frac{\Delta T_{max}}{T_{Hub,max}} \approx 25\ \%$.

Die gewählte Rotor-Diskretisierung konnte auch bei anderen Betriebspunkten erfolgreich validiert werden. Ein Rotordesign mit V-förmig angeordneten Magneten wird parallel untersucht. Auch hier bestätigte sich die gewählte Diskretisierung. Jedoch zeigte sich, dass je nach Öffnungswinkel der Magnete und dem damit verbundenen größer werdenden radialen Abstand zwischen Luft-

$p_{V,Fe}$ in $\frac{W}{cm^3}$

19
15
11
7.6
3.8
0.

Ansicht 1: Schräg   Ansicht 2: Vom Luftspalt radial nach außen

Abbildung 6.76: Stator-Verlustdichte inkl. Schrägung im gewählten Betriebspunkt

spalt und der zur Polmitte zeigenden oberen Magnetkante eventuell eine zweite radiale Schicht im äußeren Teil des Rotors nötig wird.

3D-Effekte durch Schrägung   Hinsichtlich dreidimensionaler Effekte stellt eine eventuelle Schrägung den Haupteinflussfaktor dar. Durch die sich quasi ändernden Vorsteuerwinkel in axialer Richtung ergeben sich dementsprechend sowohl andere Verluste als auch andere Verlustverteilungen. Zu ihrer exakten Bestimmung ist somit eine einzelne 2D-Rechnung nicht ausreichend (vgl. Tabelle 6.4). Eine 3D-Rechnung oder eine Annäherung über mehrere 2D-Rechnungen, welche unterschiedliche axiale Segmente der Maschine darstellen, ist notwendig. An dieser Stelle wird der genannte Aspekt nur an dem bereits in Abschnitt 6.2.4 vorgestellten Betriebspunkt ($n = 12000 \frac{U}{min}, I_{Ph} = 228$ A, $\alpha = -70,09°$) gezeigt. Die entsprechenden Verlustwerte sowie die grafische Darstellung der Verluste in Abhängigkeit der axialen Position können dort betrachtet werden. Die sich ergebende Inhomogenität ist deutlich zu erkennen. Neben dem absoluten Fehler einer einfachen 2D-FEM geht zudem die lokale Verlustinformation, welche für das thermische Modell von Interesse wäre, verloren. Für die Verlustaufteilung werden sechs axiale Schichten, entsprechend der Anzahl an Magneten in axialer Richtung ($l_{Mag} = 20$ mm, $l_{Fe} = 120$ mm), gewählt. Abb. 6.76 und Abb. 6.77 zeigen die sich ergebende Verlustdichte sowohl für den Stator als auch den Rotor. Die Inhomogenität in axialer Richtung ist auch hier deutlich zu erkennen. Entsprechend der oben gezeigten Methode werden nun im thermischen Modell verschiedene Diskretisierungsstufen hinsichtlich der lokalen Verlusteinspeisung evaluiert. Die vor-

$p_{V,Fe}$ in $\frac{W}{cm^3}$

30
24
18
12
6.0
0.

Abbildung 6.77: Rotor-Verlustdichte inkl. Schrägung im gewählten Betriebspunkt

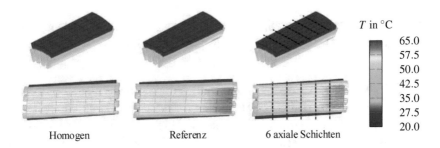

T in °C

65.0
57.5
50.0
42.5
35.0
27.5
20.0

Homogen   Referenz   6 axiale Schichten

Abbildung 6.78: Resultierende Temperaturen im Stator für verschiedene
räumliche Verlusteinspeisungen im gewählten Betriebs-
punkt unter Berücksichtigung der Schrägung

ab für den 2D-Schnitt hergeleiteten lokalen Unterteilungen bleiben bestehen
und werden durch die axialen ergänzt. Abb. 6.78 zeigt dies für den Stator und
Abb. 6.79 für den Rotor. Es ist ersichtlich, dass die sechs gewählten axialen
Unterteilungen für diesen Betriebspunkt eine gute Übereinstimmung zeigen.

Effekte durch Stirnraumfelder In Kapitel 6.2.4 werden Zusatzverluste in
den Randlamellen durch Streufelder im Stirnraum untersucht. Aufgrund der
enormen Komplexität konnten innerhalb dieser Arbeit keine thermischen Untersuchungen zu diesem Thema durchgeführt werden. Es liegt nahe, die ermittelten Eisenzusatzverluste in den bekannten Endzonen der elektrischen Maschine ins thermische Modell explizit einzuspeisen. Je nach Betriebspunkt und

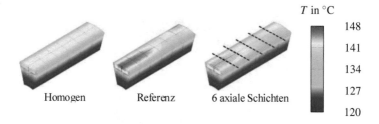

Abbildung 6.79: Resultierende Temperaturen im Rotor für verschiedene räumliche Verlusteinspeisungen im gewählten Betriebspunkt unter Berücksichtigung der Schrägung

je nach Maschinenlänge ist eine nennenswerte thermische Beeinflussung möglich. Besonders bei axial kurzen Maschinen muss der Einfluss berücksichtigt werden.

Temperaturabhängige Verlustskalierung

Die Temperaturabhängigkeit der Materialeigenschaften des Elektroblechs wird im Auslegungs- und Berechnungsprozess elektrischer Maschinen oft vernachlässigt. Jedoch zeigen verschiedene Untersuchungen [66, 86, 107], dass eine Temperaturabhängigkeit besteht. Bei Maschinen für Elektro- und Hybridfahrzeuge ist der relevante Temperaturbereich für Elektroblech zwischen -40 °C und +220 °C zu sehen. In dieser Arbeit werden diesbezüglich keine eigenen Untersuchungen durchgeführt, jedoch werden aus Gründen der Vollständigkeit relevante Messungen und Veröffentlichungen vorgestellt.

Generell ist die Temperaturabhängigkeit der Eisenverluste in permanentmagneterregten Synchronmaschinen von zwei Faktoren abhängig. Auf der einen Seite nimmt die Remanenz der Seltene-Erden-Magnete mit steigender Temperatur ab, was zu einer Feldänderung und damit zu veränderten Eisenverlusten in der Maschine führt. Um dies zu berücksichtigen werden für den späteren Messabgleich die Eisenverluste bei verschiedenen Magnettemperaturen mittels FEM-Rechnung bestimmt. Anhand der resultierenden Verläufe werden die Verluste für die einzelnen Segmente auf Basis der lokalen Temperaturen

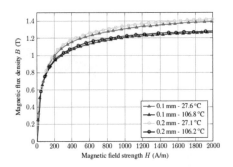

Abbildung 6.80: Gemessene Magnetisierungskennlinien bei unterschiedlichen Temperaturen [66]

interpoliert. Auf der anderen Seite ändern sich die Materialeigenschaften des Blechs mit steigender Temperatur. Betrachtet man die für die elektrische Maschine wichtigen Blechparameter, so ergeben sich folgende Abhängigkeiten:

- Mit steigender Temperatur sinkt die Sättigungspolarisation, was zu einer Stauchung der Magnetisierungskennlinie führt [66, 86, 107]. Somit wirkt sich die Temperaturänderung sowohl auf die Sättigungspolarisation als auch auf die relative Permeabilität aus.

- Die Verluste fallen mit zunehmender Blechtemperatur [66, 86].

In [66] werden für 0,1 und 0,2 mm dicke, nicht kornorientierte Bleche Magnetisierungskennlinien bei unterschiedlichen Temperaturen gemessen und verglichen (siehe Abb. 6.80). Es ist ersichtlich, dass die Sättigungsinduktion mit steigender Temperatur abnimmt. Hinsichtlich der temperaturabhängigen Eisenverluste ist wiederum der Hysterese- und Wirbelstromanteil getrennt zu beachten. In der Literatur wird gezeigt, dass die Fläche der Hystereseschleife bei Anstieg der Temperatur abnimmt (siehe Abb. 6.81). Begründen lässt sich dies durch die geringere aufzuwendende Ummagnetisierungsenergie, welche sich aus der erhöhten Atombewegung bei größeren Temperaturen ergibt [107].

Bezüglich der Wirbelstromverluste ist bekannt, dass der elektrische Widerstand mit steigender Temperatur zunimmt [107]. Da die induzierte Spannung

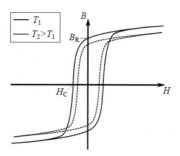

Abbildung 6.81: Hystereschleife bei unterschiedlichen Temperaturen [107]

nahezu konstant bleibt, nehmen die Wirbelstromverluste entsprechend Gleichung (Gl. 6.97) ab.

$$P_{V,Fe,Wirbel}(T) \sim \frac{U_{ind}^2}{R(T)} \sim \frac{U_{ind}^2 = \text{const.}}{R(T)} \sim \frac{1}{\rho(T)}$$

$$\sim \frac{1}{1 + \alpha_{Fe}(T - T_0)}$$

Gl. 6.97

[66] zeigt in Abb. 6.82 gemessene Verluste in Abhängigkeit der Temperatur für das vorgestellte 0,2 mm Blech. Es ist zu erkennen, dass die Gesamtverluste mit steigender Temperatur abnehmen. Des Weiteren ist ein größerer Abfall der Verluste bei höheren Induktionen ersichtlich. So ergibt sich bei $B = 1,3$ T und einem Temperaturdelta von 80 K eine Verlustreduktion von circa 25 %. Morishita stellt in [86] vergleichbare Messungen an einem M250-35A Blech vor. Hier ist der gleiche Trend deutlich zu erkennen. Jedoch gibt es auch gegenläufige Effekte. So führt die Alterung des Elektroblechs, speziell bei hohen Temperaturen ($T > 100\ °C$), zu Verlustanstiegen. Zudem ist aufgrund der laut Norm zulässigen Blechdickentoleranz ($d_{Blech} \pm 10\ \%$) eine deutliche Beeinflussung der Wirbelstromverluste die Folge, was eine Skalierung erschwert. Aufgrund dessen ist die exakte Angabe einer Skalierungsfunktion sehr schwierig und von vielen Parametern abhängig. Für den späteren Messabgleich werden die Eisenverluste lokal, das heißt in jeder definierten Verlustregion, pauschal um 10 % je 100 K Temperaturanstieg reduziert [90].

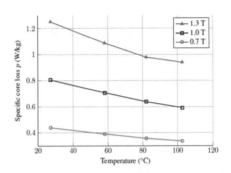

Abbildung 6.82: Eisenverluste in Abhängigkeit der Temperatur [66]

Anforderungen an das thermische Modell

Wie den Untersuchungen in Abschnitt 6.2.5 zu entnehmen ist, ist eine räumliche Diskretisierung der zu übergebenden Verlustleistung in das thermische Modell notwendig. Für die analysierte Maschine hat sich gezeigt, dass die Maschine im 2D-Schnitt in vier radiale Schichten im Stator und zwei radiale Schichten im Rotor zu unterteilen ist. Die Radien im Stator sind so gewählt, dass der Zahnkopf, jeweils ein halber Zahn und das Joch getrennt betrachtet werden. Im Rotor schneidet die Trennlinie die obere, zur Polmitte näher liegende Magnetecke. Des Weiteren ist es sinnvoll, den Rotor in der Polmitte tangential zu teilen. Bei geschrägten Maschinen ist zusätzlich eine Unterteilung in Längsrichtung notwendig. Hierbei hat sich für die untersuchte Maschine eine für sechs axiale Schichten unterteilte Verlustbetrachtung als zielführend erwiesen**. Eventuell kann die Berücksichtigung von Zusatzverlusten in den Randlamellen (z.B. Einfluss Stirnstreufelder) gesondert nötig sein. Hierzu könnte in erster Näherung die erste und letzte Zone der vorab axial definierten Bereiche verwendet werden. In Abschnitt 6.2.5 zeigt sich, dass die Eisenverluste temperaturabhängig sind. Dies ist sowohl auf die sich ändernde Remanenz der Magnete in permanenterregten Synchronmaschinen als auch auf die sich ändernden Materialeigenschaften der Elektrobleche zurückzuführen. Somit muss es im thermischen Modell möglich sein, die eingespeisten Eisenver-

---

**Bei Analyse weiterer Maschinen hat sich gezeigt, dass in erster Näherung ab einer Verdrehung in axialer Richtung in Höhe von $5 - 10°$ el. die Verluste in einer separaten Schicht zu betrachten sind.

luste in Abhängigkeit der Temperatur zu skalieren. Da lokal unterschiedliche Verlustdichten und Temperaturen auftreten, ist eine lokale Verlustskalierung zwingend nötig, um die Verlustleistungen in Abhängigkeit der Temperatur korrekt abzubilden. In dieser Arbeit werden die Eisenverluste um 10 % je 100 K Temperaturanstieg verringert [90].

6.2.6 Fazit

Eisenverluste in elektrischen Maschinen für Hybrid- und Elektrofahrzeuge stellen quantitativ gesehen einen sehr großen Verlustanteil dar. Speziell bei höheren Drehzahlen sind die Eisenverluste erheblich und somit aus Sicht der Effizienz und der thermischen Berechnung (Bsp. Dauerleistung) von entscheidender Bedeutung. Es ist jedoch festzustellen, dass hinsichtlich der Eisenverlustberechnung in der Literatur noch nicht alle Effekte vollständig validiert sind und viele unterschiedliche Berechnungsverfahren existieren. In dieser Arbeit wird auf das Berechnungsverfahren nach Jordan zurückgegriffen, da sich die Unterteilung in Hysterese- und Wirbelstromverluste physikalisch belegen lässt und dieses in der Praxis am weitesten verbreitet ist.

Bei der Untersuchung des Einflusses von Stirnstreufeldern auf die Eisenverluste in den Endlamellen zeigt sich für die untersuchte Maschine, dass keine wesentlichen Zusatzverluste durch vom Wickelkopf generierte Felder resultieren. Jedoch ist davon auszugehen, dass dies nur für verteilte Wicklungen (alle Phasen liegen im Wickelkopf nahe beisammen) gilt. Für Einzelzahnwicklungen sind derartige Zusatzverluste zu erwarten. Hinsichtlich der analysierten Maschine stellt sich heraus, dass durch die Feldaufweitung im Bereich des Luftspaltes axiale Feldkomponenten im Blechpaket entstehen, welche Wirbelströme induzieren. Diese werden von der Blechung nicht eingeschränkt. Bis zu 20 % höhere Eisenverluste bzw. absolut gesehen bis zu 110 W an Zusatzeisenverlusten in den betrachteten Betriebspunkten sind die Folge. Diese treten, wie beschrieben, nur in den Randlamellen und somit nur in den äußersten Bereichen der Maschine auf und sind in der Nähe des Luftspaltes am größten. Aus diesem Grund sind sie auch in der thermischen Analyse nicht zu vernachlässigen. Bei axial kurzen Maschinen, welche oft mit Einzelzahnwicklungen ausgeführt werden, können diese Verluste noch deutlich an Relevanz gewinnen.

Auf Basis durchgeführter Messreihen wird ein Modell zur Berücksichtigung des Stanzkanteneinflusses auf die resultierenden Eisenverluste vorgestellt. Dieses stellt eine praktische, leicht einsetzbare Methode zur Abschätzung der Zusatzverluste im Bereich der Stanzkante dar. Dieses Verfahren beruht auf der Annahme, dass die Materialdaten im Bereich der Stanzkante einem nicht schlussgeglühten Elektroblech entsprechen. Durch entsprechende Messungen dieser walzharten Bleche können somit in der Simulation der Stanzkante spezielle Materialeigenschaften zugewiesen werden (geänderte Magnetisierungskennlinie und geänderte Verlustkoeffizienten). Auf Basis der durchgeführten Untersuchungen an einem M330-35A Blech der Firma Voestalpine hat sich eine mittlere Stanzkantenbreite von $0,6 \cdot d_{Blech}$ ergeben. Auf Basis dessen spiegeln die Verluste durch den Stanzkanteneinfluss bei der untersuchten Maschine circa 35 % aller fertigungsbedingten Zusatzverluste wider. Das beschriebene Modell wird in guter Genauigkeit an den durchgeführten Messreihen validiert. Weiterführende Maschinenmessungen mit beispielsweise vollständig nachgeglühtem Blechpaket könnten die ermittelten Ergebnisse besser verifizieren. Es zeigte sich, dass die resultierende Stanzkantenbreite abhängig von der Härte des Blechmaterials ist. Je härter das Material desto kleiner die geschädigte Zone.

Hinsichtlich der Schnittstelle zur thermischen Simulation hat sich gezeigt, dass eine lokale bzw. räumlich diskrete Verlustübergabe zur genauen Temperaturvorhersage notwendig ist. Dies lässt sich auf die Inhomogenität der Eisenverluste zurückführen. Entsprechend nötige Diskretisierungen für die analysierte Maschine werden in den genannten Kapiteln hergeleitet. Die festgelegten Regionen zur Verlustübergabe sehen im Rotor eine radiale und eine tangentiale Teilung und im Stator vier radiale Teilungen vor. Für andersartige Rotorblechschnitte (z.B.: mehrstufige Magnetanordnungen) sind die beschriebenen Zonen eventuell nicht ausreichend und durch weiterführende Untersuchungen zu ermitteln.

Die Literaturrecherche zeigt, dass sich die Eisenverluste in Abhängigkeit der Temperatur ändern. Dies geschieht zum einen durch die sich ändernde Magnetremanenz und zum anderen durch die sich ändernden Elektroblecheigenschaften. Weiterführende Epsteinmessungen des in dieser Maschine verwendeten Elektroblechs bei unterschiedlichen Temperaturen würden genaueren Aufschluss über den Einfluss bei diesem Motor liefern. Auf Basis aller dargelegten Daten werden die Eisenverluste innerhalb dieser Arbeit bei einem Temperaturanstieg von 100 K um 10 % reduziert.

6.3 Magnetverluste

In permanentmagneterregten Synchronmaschinen können in den Permanentmagneten Verluste auftreten, welche durch Wirbelströme hervorgerufen werden. Diese Wirbelströme entstehen in Folge von Oberfeldern, welche aus dem Maschinenaufbau (z.b. Wicklung, Nutung) resultieren. Auch Stromoberschwingungen, welche z.b. durch den Umrichter hervorgerufen werden, können zusätzliche Verluste verursachen. Durch die auftretenden Verluste kommt es zu einer Erwärmung der Magnete. Dies führt auf der einen Seite zu einer verminderten Remanenz der Magnete und somit zu geringerer Leistung der Maschine und auf der anderen Seite zu einer möglicherweise irreversiblen Entmagnetisierung im Betrieb. Es ist zu beachten, dass der Rotor bei einer Statoraußenkühlung nur wenig Wärme abgeben kann und dementsprechend schwer zu kühlen ist. Aufgrund dessen und der allgemein sehr hohen Kosten für Magnetmaterial spielen die Magnetverluste, trotz der relativ geringen Verlustleistung, eine wichtige Rolle. Um hohen Magnetverlusten entgegenzuwirken, ist die Segmentierung der Magnete in axialer und/oder tangentialer Richtung ein probates Mittel.

6.3.1 Verlustmechanismen

Im Betrieb der Maschine durchsetzen magnetische Wechselfelder den Magnet und erzeugen gemäß dem Induktionsgesetz elektrische Wirbelfelder:

$$\oint_{\partial A} \vec{E} \cdot d\vec{s} = - \iint_{A} \frac{\partial \vec{B}}{\partial t} \cdot d\vec{A} \qquad \text{Gl. 6.98}$$

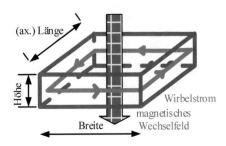

Abbildung 6.83: Schematische Entstehung von Wirbelströmen im Magnet

Die resultierende Wirbelstromdichte ergibt sich aus der elektrischen Leitfähigkeit des Magnetmaterials und dem induzierten elektrischen Feld.

$$J = \sigma \cdot E$$ Gl. 6.99

Gemäß dem negativen Vorzeichen (siehe Gleichung (Gl. 6.98)) sind die Wirbelströme so gerichtet, dass sie ihrer Ursache, dem magnetischen Wechselfeld, entgegenwirken. Die auftretende mittlere Verlustleistung kann auf Basis der effektiven Stromdichte J gemäß

$$P_{V,Mag} = \frac{1}{\sigma} \iiint\limits_V J^2 \mathrm{d}V$$ Gl. 6.100

berechnet werden. Somit ist zu erkennen, dass die Verlustleistung in den Permanentmagneten von der Frequenz, der Feldamplitude, der elektrischen Leitfähigkeit des Magnetmaterials und den Magnetabmessungen abhängig ist. Da sich das Grundfeld der Maschine mit der gleichen Geschwindigkeit wie der Rotor und damit der Magnete dreht, werden dadurch keine Spannungen, respektive Wirbelströme induziert. Dagegen rufen Oberfelder der Maschine, welche nicht synchron zum Rotor laufen und somit als Wechselfeld auf den Magneten wirken, Verluste hervor. Es ist jedoch zu beachten, dass das jeweilige magnetische Oberfeld eine gewisse Amplitude haben muss, um den Magneten zumindest teilweise zu durchsetzen. Abb. 6.83 zeigt eine schematische Darstellung zur Entstehung von Magnetverlusten.

Analyse des Luftspaltfeldes

Im Folgenden soll kurz auf auftretende Oberfelder, welche entsprechende Wirbelstromverluste hervorrufen können, eingegangen werden. Die entsprechenden Grundlagen sind [85, 108, 109] entnommen. Gemäß [108] können die für die Magnetverluste relevanten Oberfelder in zwei Arten eingeteilt werden:

• **Wicklungsfelder**, welche über einen konstanten magnetischen Leitwert erregt werden

• **Parametrische Felder**, welche über Leitwertschwankungen generiert werden

Auftretende Ordnungszahlen und Frequenzen

Für die oben genannten Arten von Oberfeldern können verschiedene Ordnungszahlen ν auftreten. Für die Wirbelstromverluste ist die Frequenz der Felder im Rotor f_2 von Relevanz, welche sich aus der Frequenz der Felder im Stator f_1 berechnet. Im Folgenden wird nur die ideale Maschine betrachtet. Dies bedeutet, dass keine Unsymmetrien, wie etwa Exzentrizitäten, auftreten. Des Weiteren wird von einem rein sinusförmigen Strom ausgegangen. Da in diesem Kapitel neben der in Kapitel 4 vorgestellten Maschine (PSM A, $q = 1$) auch eine Maschine mit Lochzahl $q = 0,5$ untersucht und vermessen wird, werden hier beide Lochzahlen hinsichtlich der auftretenden Oberfelder betrachtet.

Wicklungsfelder:

Gemäß [108] lassen sich die Ordnungen der Wicklungsoberfelder wie folgt beschreiben:

$$\nu = p(1 + 2mg) \qquad \text{Gl. 6.101}$$
$$\text{mit } g = 0, \pm 1, \pm 2, \dots$$

Hierbei stellt p die Polpaarzahl, m die Anzahl an Strängen und g den Laufindex dar. In der angegebenen Gleichung sind die sogenannten Nutharmonischen bereits enthalten. Diese haben den gleichen Wicklungsfaktor wie das Grundfeld und weisen folgende Ordnungszahlen auf:

$$v = p + gN \qquad \text{Gl. 6.102}$$
$$\text{mit } g = \pm 1, \pm 2, \dots$$

Hierbei entspricht N der Statornutzahl. Für die spätere Analyse der Magnetverluste ist, wie oben beschrieben, die im Rotor/Magnet auftretende Frequenz relevant. Diese kann gemäß [108] wie folgt berechnet werden:

$$f_2 = f_1 \cdot \left(1 - \frac{v}{p}\right) \qquad \text{Gl. 6.103}$$

Somit ergeben sich zusammenfassend für die Wicklungsfelder folgende Ordnungen und Frequenzen:

$q = 1$ (PSM A)	
$v = +p \Rightarrow$	$f_2 = 0 f_1$
$v = -5p \Rightarrow$	$f_2 = +6 f_1$
$v = +7p \Rightarrow$	$f_2 = -6 f_1$
$v = -11p \Rightarrow$	$f_2 = +12 f_1$
$v = +13p \Rightarrow$	$f_2 = -12 f_1$
$\vdots$	

$q = 0,5$ (PSM B)	
$v = +p \Rightarrow$	$f_2 = 0 f_1$
$v = -2p \Rightarrow$	$f_2 = +3 f_1$
$v = +4p \Rightarrow$	$f_2 = -3 f_1$
$v = -5p \Rightarrow$	$f_2 = +6 f_1$
$v = +7p \Rightarrow$	$f_2 = -6 f_1$
$\vdots$	

Parametrische Felder:

Parametrische Felder werden gemäß [108] in verschiedene Anteile aufgeteilt:

- Nutungsfelder: Aufgrund der Nutung kommt es zu Leitwertwellen mit folgenden Ordnungszahlen

$$v_{Nutung} = p + g \cdot N \qquad \text{Gl. 6.104}$$
$$\text{mit } g = \pm 1, \pm 2, \dots$$

- Sättigungsfelder: Hochgesättigte Bereiche in elektrischen Maschinen können als fiktive Änderung des Luftspalts interpretiert werden. Unter der Annahme, dass hauptsächlich das Grundfeld für die Sättigung verantwortlich ist, wiederholen sich gesättigte Stellen am Umfang mit $2p$. Somit resultieren folgende Ordnungszahlen:

$$v_S = p \pm 2p \qquad\qquad \text{Gl. 6.105}$$

wobei $v_S = p - 2p = -p$ nur zum Grundfeld beiträgt

Für die im Rotor auftretenden Frequenzen der parametrischen Felder gilt die gleiche Beziehung wie oben für die Wicklungsfelder (siehe Gleichung (Gl. 6.103)). Somit ergeben sich folgende Frequenzen:

$q = 1$ (PSM A)		$q = 0,5$ (PSM B)	
$v = -p \Rightarrow$	$f_2 = +2f_1$	$v = -p \Rightarrow$	$f_2 = +2f_1$
$v = +3p \Rightarrow$	$f_2 = -2f_1$	$v = +3p \Rightarrow$	$f_2 = -2f_1$
$v = -5p \Rightarrow$	$f_2 = +6f_1$	$v = -2p \Rightarrow$	$f_2 = +3f_1$
$v = +7p \Rightarrow$	$f_2 = -6f_1$	$v = +4p \Rightarrow$	$f_2 = -3f_1$
$v = -11p \Rightarrow$	$f_2 = +12f_1$	$v = -5p \Rightarrow$	$f_2 = +6f_1$
$v = +13p \Rightarrow$	$f_2 = -12f_1$	$v = +7p \Rightarrow$	$f_2 = -6f_1$
$\vdots$		$\vdots$	

Es ist allgemein zu erkennen, dass bei Maschinen mit $q = 0,5$ kleinere Ordnungszahlen auftreten. Da sich die Amplitude der magnetischen Flussdichte für die einzelnen Ordnungszahlen umgekehrt proportional zur jeweiligen Ordnungszahl verhält (siehe Gleichung (Gl. 6.106)[108]), treten bei derartigen Maschinen oft erhöhte Magnetverluste auf.

$$B_v \sim \frac{1}{v} \qquad\qquad \text{Gl. 6.106}$$

6.3.2 Stand der Technik - Kurzzusammenfassung

Die Grundlagen zu den in Permanentmagneten auftretenden Wirbelstromverlusten sind in der Literatur weitestgehend bekannt [43, 72]. Hinsichtlich ihrer Berechnung ergeben sich unterschiedliche Szenarien. Aufgrund der üblicherweise geringen Verlustwerte, speziell bei eingebetteten Magneten, werden diese teilweise vernachlässigt. Daneben existieren analytische Verfahren, um diese zu berechnen. Während für Maschinen mit Oberflächenmagneten die in der Literatur gezeigten Berechnungsmodelle sehr gute Ergebnisse erzielen [12, 27, 72, 83], sind im Fall eingebetteter Magnete nur wenige Modelle zu finden, die außerdem häufig große Abweichungen zeigen [130]. Aus diesem Grund werden für Maschinen, deren Rotoren integrierte Magnete aufweisen, standardmäßig numerische Berechnungsprogramme zur Verlustberechnung verwendet. Auf Basis transienter, dreidimensionaler Modelle werden die besten Ergebnisse erzielt. Nachteilig gestalten sich hierbei die aufwendige Modellbildung und die hohe Rechenzeit. Um diesen Nachteilen entgegen zu wirken und trotzdem eine höhere Genauigkeit als rein analytische Modelle zu erzielen, werden in der Literatur gekoppelte Modelle vorgestellt. Dabei werden beispielsweise auf Basis stationärer FEM-Rechnungen die Feldverteilung bestimmt und daraus die resultierenden Wirbelströme/Verluste berechnet [40].

Hinsichtlich der Wirkungsgradbestimmung spielen die Magnetverluste meist eine untergeordnete Rolle, jedoch können die relativ geringen Verlustwerte bei der thermischen Simulation eine wichtige Rolle spielen. Allgemein lassen sich der Literatur keine bzw. nur wenige Messungen entnehmen, welche speziell darauf ausgerichtet sind, derartige Verluste zu bestimmen. Im Weiteren wird auf Basis kalorimetrischer Messungen versucht, die auftretenden Wirbelstromverluste zu quantifizieren [6]. Betrachtet man den Verlusttransfer zur thermischen Domäne, speziell hinsichtlich der Verlustlokalität, so gibt es diesbezüglich nur sehr wenige Untersuchungen. Auch hinsichtlich der Temperaturabhängigkeit der Magnetverluste konnte nur ein Beitrag gefunden werden [103].

(a) Darstellung des Gesamtmodells   (b) Darstellung der Magnete

Abbildung 6.84: 3D-FEM Modell zur Berechnung der Magnetverluste (PSM A)

6.3.3 Berechnungsgrundlagen

Da in dieser Arbeit der Schwerpunkt auf einer exakten Verlustberechnung und ableitbaren Anforderungen an die thermische Berechnung liegt, werden 3D-FEM-Modelle genutzt. Ist eine Maschine ungeschrägt jedoch aus mehreren einzelnen Magneten in axialer Richtung ausgeführt, so genügt es, bei Vernachlässigung axialer Einflüsse (z.B. Stirnraum), einen kompletten Magneten zu modellieren. Dabei werden die Wirbelströme innerhalb des Magneten korrekt berechnet, die Rechenzeit minimiert und die Gesamtverluste ergeben sich durch einfache Multiplikation mit der Anzahl an Magneten in axialer Richtung. Für die folgende Verlustanalyse wird die in Kapitel 4 vorgestellte PSM A ($q = 1$) verwendet. Abb. 6.84 zeigt das 3D-Modell der Maschine, bei dem die axiale Länge gleich der axialen Magnetlänge ist. Für die folgenden Betrachtungen wird ein fiktiver Betriebspunkt ($I_{Ph} = 200$ A, $n = 10000\ \frac{U}{min} \rightarrow f_{el,Grund} = 1000$ Hz und $\alpha = -45°$) als Ausgangspunkt gewählt. Zudem wird aus Gründen der Rechenzeit vorerst auf die Modellierung der Schrägung verzichtet.

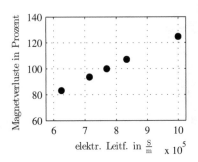

Abbildung 6.85: Magnetverluste (in Prozent) in Abhängigkeit der elektrischen Leitfähigkeit

6.3.4 Verlustanalyse

Einfluss elektrische Leitfähigkeit

An dieser Stelle soll der Einfluss der elektrischen Leitfähigkeit des Magnetmaterials untersucht werden. Gemäß Gleichung (Gl. 6.100) stellt der spezifische Widerstand respektive die elektrische Leitfähigkeit einen für die Verlustberechnung entscheidenden Parameter dar. Es ist jedoch festzustellen, dass die Magnethersteller für diesen Wert ein relativ großes Streuband angeben. Die elektrische Leitfähigkeit variiert üblicherweise um circa 20 % [116]. So wird diese laut Datenblatt [116] für die untersuchte Maschine zwischen $7,14 \cdot 10^5$ und $8,33 \cdot 10^5 \frac{S}{m}$ angegeben. Dieses Streuband ist bei der Berechnung von Wirbelstromverlusten innerhalb der Permanentmagnete zu berücksichtigen. Um diese Ungenauigkeit zu reduzieren, müssten komplexe Messreihen zur Bestimmung der elektrischen Leitfähigkeit an den jeweils verwendeten Magneten durchgeführt werden. Abb. 6.85 zeigt die Magnetverluste in Abhängigkeit der dem Datenblatt entnommenen elektrischen Leitfähigkeit. Da die Untersuchung an dieser Stelle rein qualitative Ergebnisse liefern soll, wird eine zweidimensionale, transiente FEM verwendet und die Ergebnisse werden prozentual, ausgehend von einer mittleren Leitfähigkeit, dargestellt. Es zeigt sich, dass die Verluste mit steigender elektrischer Leitfähigkeit und somit geringeren Widerstandswerten ansteigen. Dies wirkt im ersten Moment entgegen dem herkömmlichen Verlustverständnis, welches niedrigeren Widerständen geringere Verluste zuordnet. Hinsichtlich der Verluste in Permanentmagneten lässt sich dieses Phänomen jedoch wie folgt erklären: Durch alleinige Änderung der elektrischen Leitfähigkeit bleibt das die Verluste verursachende, magnetische Feld unberührt. Aufgrund der zeitlichen Änderung des Feldes ergeben sich induzierte Spannungen. Die daraus resultierenden Wirbelströme folgen in erster Näherung dem ohmschen Gesetz. Somit ergibt sich eine lineare Abhängigkeit der Stromdichte von der elektrischen Leitfähigkeit, bzw. ein reziproker Zusammenhang mit dem spezifischen elektrischen Widerstand:

$$J \sim \frac{u_{ind}}{R} \sim \frac{u_{ind} = \text{const.}}{\frac{1}{\sigma}} \sim \sigma = \frac{1}{\rho} \qquad \text{Gl. 6.107}$$

Steigt der spezifische Widerstand, so sinkt die Wirbelstromdichte. Gleichung (Gl. 6.100) zeigt die quadratische Abhängigkeit der Magnetverluste von der Wirbelstromdichte. Die elektrische Leitfähigkeit fließt hier mit dem einfach-reziproken Wert in die Verlustberechnung ein. So ergibt sich letztlich näherungsweise eine einfache lineare Abhängigkeit von der elektrischen Leitfähigkeit bzw. reziprok mit dem spezifischen Widerstand (siehe Gleichung (Gl. 6.108)).

$$P_{V,Mag} \sim \frac{1}{\sigma} \cdot \sigma^2 \sim \sigma = \frac{1}{\rho} \qquad \text{Gl. 6.108}$$

Folglich erhöhen sich die Magnetverluste mit fallendem spezifischen Widerstand. Diese Tatsache wird in Abschnitt 6.3.5, der das temperaturabhängige Verhalten der Magnetverluste beschreibt, eine wichtige Rolle spielen.

Einfluss Vorsteuerwinkel respektive Schrägung

Aus den Gleichungen (Gl. 6.98) bis (Gl. 6.100) geht hervor, dass die Wirbelströme in den Magneten mit steigender Frequenz und Stromamplitude zunehmen. Des Weiteren sind diese aber auch stark vom gewählten Vorsteuerwinkel abhängig. Dies muss bei der Berechnung des Verlustkennfeldes berücksichtigt werden. Um den reinen Einfluss des Vorsteuerwinkels abbilden zu können, werden an dieser Stelle der Strom ($I = 200$ A) und die Frequenz ($f = 1000$ Hz) konstant gehalten und nur der Vorsteuerwinkel variiert. Für den Magnet wird eine elektrische Leitfähigkeit von $7,7 \cdot 10^5 \frac{S}{m}$ angenommen. Abb. 6.86 zeigt die resultierende Abhängigkeit der Magnetverluste für den Motorbetrieb ($\alpha =$

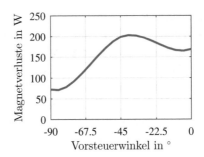

Abbildung 6.86: Magnetverluste in Abhängigkeit des Vorsteuerwinkels α

$0... -90°$). Es ist zu erkennen, dass die maximalen Magnetverluste bei dieser Maschine bei etwa $\alpha = -40°$ und die minimalen Verluste bei $\alpha \approx -80... -90°$ auftreten. Dabei kommt es zu einer Verluständerung um nahezu den Faktor 3. Die Ursache für die extreme Verluständerung ist auf die Oberfelder der Maschine zurückzuführen. Wie zuvor beschrieben, treten in dieser Maschine Oberfelder folgender Ordnungszahlen auf: $\nu = -5p, 7p, -11p, 13p$, etc..

Aufgrund der Drehung des Rotors wirken auf die Magnete Induktionsschwankungen mit den Frequenzen $6f_1, 12f_1, 18f_1$, etc.. Abb. 6.87a zeigt die Amplituden der dazugehörigen Flussdichten innerhalb des Magneten. Es ist zu erkennen, dass die Oberwelle 6. Ordnung betragsmäßig am größten ist. Des Weiteren ist zu erkennen, dass der Verlauf dieser Feldamplitude sehr ähnlich zu dem Verlauf der Magnetverluste in Abhängigkeit des Vorsteuerwinkels ist. Jedoch spiegelt sich die relative Änderung der Verluste (ca. Faktor 2,85 zwischen $\alpha = -40°$ und $\alpha = -90°$) nicht in der Induktionsamplitude (ca. Faktor 1,4) wider.

Allgemein beschreibt die oben verwendete Drehfeldtheorie die Verhältnisse im Luftspalt der Maschine. Durch die oben gewählte, einfache Darstellung der auftretenden Felder kann die Änderung der Feldamplitude in Abhängigkeit des Vorsteuerwinkels nicht erklärt werden. Die Änderung der Amplituden könnte an der Veränderung der magnetischen Leitwerte liegen. Mit dem hier vorausgesetzten örtlich und zeitlich sinusförmigen Verlauf der Oberwellen folgt gemäß

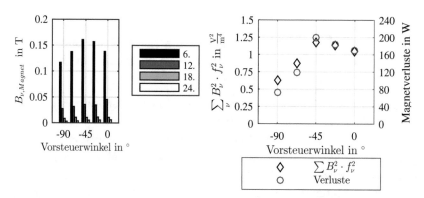

(a) Darstellung der dominanten Ordnungen

(b) Gegenüberstellung eines Proportionalitätfaktors mit den Magnetverlusten

Abbildung 6.87: Analyse der Magnetverluste

der Trafo-Hauptgleichung für den Betrag der ν-ten Oberwelle zu den Magnetverlusten:

$$U_\nu = \sqrt{2}\pi f_\nu \hat{\Psi}_\nu \sim f_\nu \hat{\Psi}_\nu \sim f_\nu \hat{B}_\nu \qquad \text{Gl. 6.109}$$

$$P_{V,Mag,\nu} = \frac{U_\nu^2}{R_\nu} \sim \frac{\left(f_\nu \hat{B}_\nu\right)^2}{R_\nu} \qquad \text{Gl. 6.110}$$

Hierbei entspricht $\hat{B}_\nu$ der Amplitude und f_ν der Frequenz der ν-ten Feldwelle. R_ν ist der charakteristische Widerstand der Wirbelstrombahn. Für die Gesamtverluste folgt:

$$P_{V,Mag,ges} = \sum_\nu P_{V,Mag,\nu} \sim \sum_\nu \frac{\left(f_\nu \hat{B}_\nu\right)^2}{R_\nu} \qquad \text{Gl. 6.111}$$

Somit sind die Magnetverluste sowohl quadratisch von der Amplitude des durchsetzenden Magnetfelds als auch quadratisch von dessen Frequenz abhängig. Zur weiteren Analyse wird aus den FEM-Daten die Summe aus $(B_\nu f_\nu)^2$ für die relevanten Ordnungen $\nu = 6 \cdots 24$ gebildet und über dem Vorsteuerwinkel dargestellt. Abb. 6.87b zeigt diesen Verlauf im Vergleich zu den berechneten Magnetverlusten. Wie zu erkennen ist, ist der Verlauf beider Kurven sehr ähnlich. Dies lässt darauf schließen, dass diese Ordnungen hauptverantwortlich für die in dieser Maschine auftretenden Magnetverluste sind. An dieser Stelle wären weiterführende FEM-Rechnungen notwendig um die auftretenden Effekte vollständig zu analysieren.

Hinsichtlich der Verlustanalyse/-verteilung ist neben der Änderung des Vorsteuerwinkels im gesamten Maschinenkennfeld auch die mögliche Schrägung von Maschinen zu betrachten. Eine geschrägte Maschine stellt aus elektromagnetischer Sicht aber nichts anderes dar, als einen sich über die axiale Länge ändernden Vorsteuerwinkel α. Daraus ergeben sich über die axiale Länge der elektrischen Maschine unterschiedliche Magnetverluste. Je nach Schrägungswinkel können diese, gemäß den gezeigten Wirkzusammenhänge, deutlich inhomogen in axialer Richtung auftreten. Diese Tatsache ist somit für die thermische Berechnung von Bedeutung und wird in Abschnitt 6.3.5 untersucht.

Auswirkung der Magnetsegmentierung

Da für den Abgleich mit Messungen, der im nächsten Kapitel folgt, die Segmentierung von Permanentmagneten von Bedeutung ist, sollen an dieser Stelle die nötigen Grundlagen, sowie ein Berechnungsbeispiel aufgezeigt werden. Wie in der Literatur bekannt, können die Magnetverluste durch Segmentierung verringert werden [81, 129][††]. Hinsichtlich der gewünschten Segmentierung können sowohl tangentiale als auch axiale Teilungen realisiert werden. Vereinfacht betrachtet zieht die Teilung des Magneten eine Verlängerung der wirksamen Wirbelstrompfadlänge des ursprünglichen Magneten nach sich, die bei konstant bleibendem magnetischen Fluss zu einem höheren Widerstand und damit zu geringeren Wirbelströmen führt. Abb. 6.88 stellt dies schematisch dar. [64] beschreibt ein einfaches analytisches Verfahren, welches die erzielbare, relative Verlustreduzierung abschätzt. Dieses soll an dieser Stelle kurz vorgestellt werden: Angenommen wird ein rechteckförmiger Magnet der Breite b, der axialen Länge l und der Höhe h. Es wird vorausgesetzt, dass der Wirbelstrompfad rechteckig verläuft und sich die Magnetverluste widerstandsabhängig darstellen [64]. Weiterhin wird angenommen, dass die Wirbelstromvertei-

---

[††] Es ist jedoch darauf hinzuweisen, dass in speziellen Fällen eine Segmentierung nicht immer zu einer Verlustreduzierung führt [81, 129].

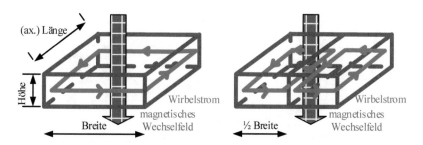

Abbildung 6.88: Prinzipsizze zur Magnetsegmentierung

lung nicht von der Magnethöhe abhängig ist, eine homogene Feldverteilung vorliegt und die Rückwirkung der Wirbelströme nicht zu beachten ist. Auf Basis von Gleichung Gl. 6.109 ergibt sich die im Magnet induzierte Spannung zu

$$U_v = \sqrt{2}\pi f_v \hat{B}_v A = \sqrt{2}\pi f_v \hat{B}_v lb \qquad \text{Gl. 6.112}$$

Für einen nicht segmentierten Magneten ergibt sich unter der Annahme eines charakteristischen Wirbelstromverlaufs am Magnetumfang für den Widerstand

$$R = \frac{2l}{\sigma \frac{b}{2}h} + \frac{2b}{\sigma \frac{l}{2}h} = \frac{4}{\sigma}\left(\frac{l}{bh} + \frac{b}{hl}\right) = \frac{4}{\sigma}\frac{l^2+b^2}{bhl} \qquad \text{Gl. 6.113}$$

und den resultierenden Verlustbeitrag

$$P_{V,v} = \frac{U_v^2}{R} = \frac{2\pi^2 f_v^2 \hat{B}_v^2 l^2 b^2}{\frac{4}{\sigma}\frac{l^2+b^2}{bhl}} = \frac{\sigma\pi^2 f_v^2 \hat{B}_v^2}{2}\frac{b^3 l^3 h}{b^2+l^2} \qquad \text{Gl. 6.114}$$

Für einen geteilten Magneten ($\frac{b}{m}; \frac{l}{n}$ mit $m,n \in \mathbb{N}$) ergibt sich

$$R_{m,n} = \left(\frac{2\frac{l}{n}}{\sigma\frac{b}{2m}h} + \frac{2\frac{b}{m}}{\sigma\frac{l}{2n}h}\right)\cdot m\cdot n = \frac{4}{\sigma}\left(\frac{\frac{m}{n}l}{bh} + \frac{\frac{n}{m}b}{hl}\right)\cdot m\cdot n$$

$$= \frac{4}{\sigma}\frac{m^2l^2+n^2b^2}{bhl} \qquad \text{Gl. 6.115}$$

$$P_{V,v,m,n} = \frac{U_v^2}{R_{m,n}} = \frac{\sigma\pi^2 f_v^2 \hat{B}_v^2}{2}\frac{b^3 l^3 h}{n^2b^2+m^2l^2} \qquad \text{Gl. 6.116}$$

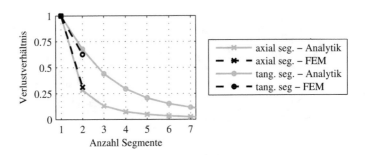

Abbildung 6.89: Vergleich der Verlustreduktion auf Basis der analytischen
und numerischen Berechnungsmethode

Hierbei gilt $m, n = 1$ für einen ungeteilten Magneten und $m, n = 2$ für einen
auf jeder Seite hälftig geteilten Magneten. Um die Verlustreduktion durch Segmentierung abzuschätzen wird der Faktor $k_{Red,Mag}$ gebildet:

$$k_{Red,Mag} = \frac{P_{V,v,m,n}}{P_{V,v}} = \frac{b^2 + l^2}{n^2 b^2 + m^2 l^2} \leq 1 \qquad \text{Gl. 6.117}$$

Anhand dieses Faktors kann die Effektivität der Magnetsegmentierung schnell
beurteilt werden. In [70] wird dieses Modell weitergeführt und ein möglicher
Skin-Effekt berücksichtigt. Zur Berechnung der absoluten Verlustwerte ist eine genauere Betrachtung notwendig. Abschließend kann festgehalten werden,
dass die effektivste Segmentierungsrichtung abhängig von der ursprünglichen
Magnetform ist. Eine generelle Aussage, dass z.b. eine axiale Teilung immer
besser als eine tangentiale Teilung sei, ist somit nicht möglich. Als Richt-
linie gilt jedoch, dass die effektivste Segmentierungsvariante darin besteht,
die schmale Seite des Magneten zu teilen. Abb. 6.89 vergleicht die Verlustreduktion zwischen Analytik und FEM (Magnetabmessungen: $l = 10$ mm, $b =$
23 mm, $h = 4, 4$ mm). Hierbei ist eine sehr gute Übereinstimmung zu erkennen.
Als Basis wird die im folgenden Unterkapitel beschriebene Maschine verwendet.

Abgleich mit der Messung

Wie bereits in Abschnitt 6.1.4 und Abschnitt 6.2.4 erläutert ist eine messtechnische Separierung der wechselstromabhängigen Verlustanteile (Stromverdrängungs-, Eisen- und Magnetverluste) extrem schwierig. Erschwerend kommt hinzu, dass Magnetverluste in der Regel sehr gering ausfallen. Des Weiteren ist eine Temperaturerfassung nur bedingt möglich, da aufgrund der Rotation des Rotors nur ein teures und aufwendiges Telemetriesystem, welches wiederum nur eine begrenzte Anzahl an Thermoelementen bereitstellt, verwendet werden kann. Um trotzdem eine Aussage über die Qualität der gezeigten Berechnungsmethoden zu treffen und einen Abgleich zwischen Messung und Simulation zu realisieren, wird folgende Idee umgesetzt:

Auf Basis kalorimetrischer Messungen (Rückrechnung der Verluste auf Basis der gemessenen Temperaturgradienten) sollen die Magnetverluste messtechnisch abgeschätzt werden. Eine Maschine mit blockiertem Rotor wird, wie üblich, durch den Inverter gespeist. Dieser muss mit einem fiktiv generierten Rotorlagesignal gespeist werden, um das Dreiphasenstromsystem zu erzeugen. Der blockierte Rotor ermöglicht die Anbringung mehrerer Thermoelemente, sowie die Analyse mittels Thermokamera. Auf Basis der gemessenen Temperaturverläufe und der bekannten thermischen Größen ist eine Rückrechnung auf die Verluste möglich. Da sowohl die thermischen Größen (thermische Kapazität), als auch die elektrischen Größen (elektrische Leitfähigkeit) der Magnete eine große Streuung aufweisen (lt. Datenblatt: therm. Kapazität $\pm 22,5$ %, el. Leitfähigkeit: ± 15 %), werden innerhalb eines Rotors verschiedene Magnetsegmentierungen verbaut. Dies ermöglicht neben der schwierigen Aussage bezüglich der Absolutwerte eine Beurteilung der ermittelten Verlustreduktionen auf Basis der numerischen, analytischen und messtechnischen Methoden und erlaubt somit einen Abgleich.

Funktionsprinzip kalorimetrische Messung

Unter einer kalorimetrischen Messung versteht man die Rückrechnung der umgesetzten Leistung (hier: Verlustleistung) auf Basis der gemessenen Temperaturverläufe. Gleichung (Gl. 6.118) stellt die Leistungsbilanz für einen Magne-

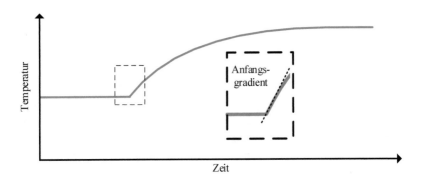

Abbildung 6.90: Beispielhafter Temperaturverlauf und Auswertung des Anfangsgradienten

ten dar und ist zu jedem Zeitpunkt gültig. Hierbei beschreibt P_V die Verlustleistung, C die Wärmekapazität, $\frac{dT}{dt}$ den Temperaturgradienten, G den Wärmeleitwert und ΔT die Temperaturdifferenz zwischen dem betrachteten und benachbarten Punkt. Unter der Annahme, dass zum Zeitpunkt der Verlusteinprägung und damit des Temperaturanstieges keine Wärmeleitung stattfindet, ergibt sich eine Gleichung, die rein von der Kapazität und dem Temperaturgradienten abhängt. Im dargelegten Fall der Magnetverlustmessung ist somit die spezifische Wärmekapazität des Magneten c_{Mag}, seine Masse m_{Mag} und der gemessene Temperaturanfangsgradient am Magneten einzusetzen.

$$P_V = C \cdot \frac{dT}{dt} + \underbrace{G \cdot \Delta T}_{\approx 0 \text{ zu Beginn}} \;\rightarrow\; P_{V,Mag} = C_{Mag} \cdot \frac{dT_{Mag}}{dt} \qquad \text{Gl. 6.118}$$

$$C_{Mag} = c_{Mag} \cdot m_{Mag} \qquad \text{Gl. 6.119}$$

Abb. 6.90 zeigt beispielhaft einen Temperaturverlauf und die Bestimmung des Temperaturgradienten.

Maschinenmuster mit Bruchlochwicklung

Für diesen Messabgleich wird auf ein Maschinenmuster mit Einzelzahnwicklung ($q = 0,5$) zurückgegriffen, da dieses aufgrund des wesentlich höheren

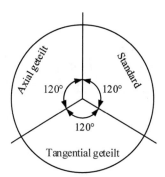

Abbildung 6.91: Schematischer Rotoraufbau der PSM B

Oberwellenanteils deutlich höhere Magnetverluste hervorruft. Die Details des verwendeten Maschinenmusters PSM B können dem Anhang A8.1 entnommen werden.

Maschinen- und Versuchsaufbau zur Messung der Magnetverluste

Wie beschrieben wird der Rotor mit verschiedenen Magnetsegmentierungen aufgebaut, um neben den absolut ermittelten Magnetverlusten auch die relative Verluständerung durch Segmentierung beurteilen zu können. Über jeweils 120° werden Standardmagnete (keine Segmentierung), axial und tangential segmentierte Magnete verbaut (siehe Abb. 6.91). Um unterschiedliche Verluste in axialer Richtung zu unterdrücken, ist die Maschine ungeschrägt aufgebaut. Abb. 6.92 zeigt die verschiedenen Magnetgrößen und Abb. 6.93 stellt den fertigen Rotor dar. Um den benötigten Temperaturanstieg zu messen, werden Thermoelemente direkt an den Magneten angebracht und eine Thermokamera in axialer Ausrichtung installiert. Abb. 6.94 zeigt die befestigten Thermoelemente (Typ K), jeweils die Magnetoberfläche berührend oder in 3 mm tiefen Bohrungen angebracht. Zusätzlich werden Thermoelemente montiert, welche die Blechpaketoberfläche berühren. Die benötigten Massen der Magnete werden gemessen und sind in Tabelle 6.10 angegeben. Die spezifische Wärmekapazität wird dem Datenblatt des Herstellers entnommen und ergibt sich im Mittel zu $0,45 \frac{kJ}{kgK}$. Der angegebene Toleranzbereich beträgt $0,35 - 0,55 \frac{kJ}{kgK}$. Abb. 6.95

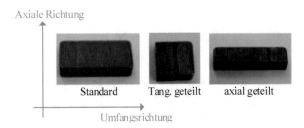

Abbildung 6.92: Darstellung der verschiedenen Magnetgrößen im eingebauten Zustand

Abbildung 6.93: Darstellung des Musterrotors

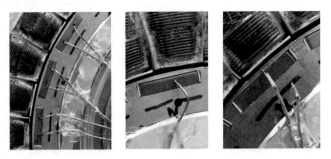

Abbildung 6.94: Angebrachte Thermoelemente am PSM B Rotor

Tabelle 6.10: Magnetmasse je Pol

	Standard	axial geteilt	tangential geteilt
mittlere Masse in g	8,37	$2 \cdot 4,205 = 8,410$	$2 \cdot 4,193 = 8,386$

Abbildung 6.95: Fertiges PSM B Muster zur Magnetverlustmessung

zeigt das resultierende Muster, welches nachträglich schwarz lackiert wird, um Reflexionen zu minimieren und die Wärmeemission zu verbessern bzw. zu vereinheitlichen. An dieser Stelle wird darauf hingewiesen, dass sich durch den blockierten Rotor leicht unsymmetrische Phasenströme innerhalb der Dreieckschaltung ergeben. Dies lässt sich durch unterschiedliche, sich durch die Rotorposition ergebende Induktivitätswerte je Strang begründen. Dies führt vor allem im Stator und geringfügig auch im Rotor zu unterschiedlichen Temperaturverteilungen. Innerhalb der transienten Simulation wird dieser Effekt durch Vorgabe der gemessenen Ströme abgebildet. Da für die kalorimetrische Messung nur der Temperatur-Anfangsgradient von Bedeutung ist, spielt dieser Effekt hinsichtlich der später resultierenden Temperaturverteilung eine zu vernachlässigende Rolle.

Auswertung der Magnetverluste

Abb. 6.96 stellt, exemplarisch für alle durchgeführten Messungen, die sich ergebenden Magnettemperaturen bei einer elektrischen Grundfrequenz von 1400 Hz und Strangströmen in Höhe von 75 A dar. Es ist zu erkennen, dass sich für die verschiedenen Magnetsegmentierungen unterschiedliche Temperaturgradienten ergeben (Abb. 6.96a). So weist die Standardgeometrie erwartungsgemäß den größten Temperaturgradienten auf. Etwas geringer fällt dieser bei den tangential segmentierten Magneten aus. Der geringste Temperaturanstieg und somit die geringsten Magnetverluste lassen sich bei der axial geteilten Variante

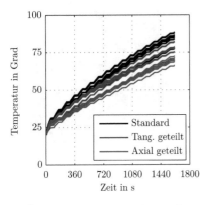

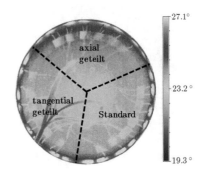

(a) Übersicht gemessene Thermoelemente

(b) Aufgenommenes Temperaturbild bei $t \approx 5\,\mathrm{s}$

Abbildung 6.96: Analyse der Magnetverluste

feststellen. Dieses Resultat zeigt sich auch bei der Analyse der mittels Thermokamera aufgezeichneten Rotortemperatur. Abb. 6.96b zeigt das Temperaturbild nach circa 5 Sekunden. Es ist deutlich zu erkennen, dass die Standard-Magnete höhere Temperaturen und somit höhere Verluste aufweisen als die segmentierten. Wie vorher berechnet, stellt die axial geteilte Variante die effektivste Verlustreduktion dar. Für weitere Analysen wird die gezeigte Messung herangezogen. Tabelle 6.11 beinhaltet sowohl die aus der Messung berechneten Magnetverluste als auch die daraus resultierenden prozentualen Verlustreduktionen durch Segmentierung. Die Temperaturen werden zeitdiskret im Abstand von zwei Sekunden aufgezeichnet. Für die Berechnung der zugrunde liegenden Verluste werden verschiedene Zeitintervalle, beginnend bei zwei und endend bei 10 Sekunden, betrachtet. Die letzte Spalte zeigt die mittels 3D-FEM berechneten Verluste. Innerhalb der Simulation werden rein sinusförmige Ströme und jeweils die Mittelwerte der benötigten Größen verwendet. An dieser Stelle ist nochmals darauf hinzuweisen, dass sich für die durchgeführte Messungen aufgrund der relativ ungenau bekannten Materialparameter große Toleranzbereiche ergeben.

Tabelle 6.11: Vergleich der aus der Messung rekonstruierten Magnetverluste gegenüber transienter 3D-FEM. Jeweilige Hochrechnung auf die Maschinengesamtverluste.

	Messung				Simulation
Absolutwerte	$\Delta t = 2$ s	$\Delta t = 4$ s	$\Delta t = 8$ s	$\Delta t = 10$ s	
Standard	215 W	170 W	163 W	134 W	263 W
Tang. geteilt	106 W	98 W	98 W	85 W	178 W
Axial geteilt	54 W	48 W	55 W	54 W	84 W
Relativwerte					
Standard	100 %	100 %	100 %	100 %	100 %
Tang. geteilt	49 %	58 %	60 %	63 %	68 %
Axial geteilt	25 %	28 %	33 %	40 %	32 %

Generell ergibt die Simulation deutlich höhere Magnetverluste als die kalorimetrische Messung. Es ist jedoch erkennbar, dass die Messung in Richtung geringerer Zeitintervalle größere Verlustwerte liefert. Für kürzere Abtastzeiten, die im Rahmen dieser Arbeit nicht untersucht werden, könnten sich somit tendenziell höhere Verluste ergeben. Bei Betrachtung der relativen Verluständerung zeigt sich generell eine gute Übereinstimmung zwischen Messung und Rechnung, wobei die Verhältnisse hier hinsichtlich ansteigender Zeitintervalle besser konvergieren. Die folgende Aufzählung stellt mögliche Gründe für auftretende Abweichungen zwischen Messung und Rechnung dar:

- **Spezifische Wärmekapazität:**
  Laut Hersteller kann die Abweichung vom angegebenen Mittelwert $\pm 22,5$ % betragen.

- **Elektrische Leitfähigkeit:**
  Laut Hersteller kann die Abweichung vom angegebenen Mittelwert ± 15 % betragen.

- **Thermische Anbindung der Thermoelemente:**
  Durch eine nicht ideale Anbindung der montierten Thermoelemente an die Magnetoberfläche kann sich ein zu geringer Temperaturgradient ergeben, welcher anschließend zu unterschätzten Verlusten führt.

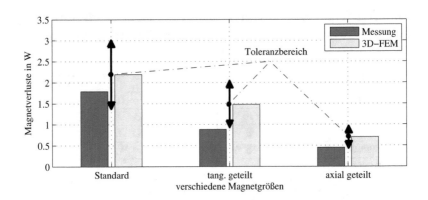

Abbildung 6.97: Vergleich der gemessenen und berechneten Magnetverluste unter Darstellung des bekannten Toleranzbereiches

- **Vernachlässigung von Stromoberschwingungen:**
  In der Simulation werden Stromoberschwingungen, welche die Magnetverluste erhöhen können, vernachlässigt. Der absolute Unterschied zwischen gemessenen und berechneten Verlusten würde somit weiter steigen.

- **Messung des Anfangsgradienten:**
  Wie Tabelle 6.11 zu entnehmen ist, nehmen die Verluste mit abnehmendem Δt zu. Dies könnte darauf hindeuten, dass das betrachtete Zeitintervall zu groß gewählt wurde. Des Weiteren ist davon auszugehen, dass die getroffene Annahme bzgl. der zu vernachlässigenden Wärmeleitung nur zum Zeitpunkt $t = 0$ korrekt ist. Somit kann es für die Messauswertung eine relevante Rolle spielen. Zusätzlich kommt hinzu, dass sowohl die Verluste als auch die Temperaturverteilung innerhalb eines Magneten inhomogen auftreten.

Abb. 6.97 vergleicht die gemessenen Verlustwerte ($\Delta t = 2$ s) gegenüber den FEM-Werten unter Berücksichtigung der für die spezifische Wärmekapazität und der elektrischen Leitfähigkeit der Magnete bekannten Toleranz. Das hinsichtlich dieser beiden Größen auftretende maximale Toleranzband wird bei der FEM-Rechnung berücksichtigt und über den Doppelpfeil dargestellt. Es ist zu erkennen, dass nahezu alle Messwerte im unteren bekannten Toleranzbereich liegen. Diese Tatsache lässt auf die oben genannten Unsicherheiten schließen. In Abb. 6.98 ist ein Vergleich der Verlustreduktion durch Segmentie-

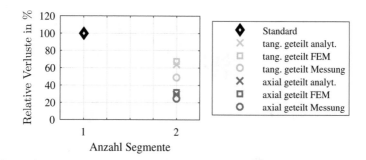

Abbildung 6.98: Vergleich verschiedener Methoden zur Bestimmung der Verlustreduktion durch Segmentierung

rung zwischen Messung, FEM und Analytik dargestellt. Es ist erkennbar, dass das analytische Einfachmodell zur Beurteilung der Effizienz von Magnetsegmentierungen ein geeignetes Werkzeug ist. Des Weiteren eignet sich das dargestellte Messverfahren gut um mögliche Magnetsegmentierungen zu beurteilen. Die Ableitung der absoluten Verlustwerte ist dagegen nur bedingt möglich.

6.3.5 Analyse thermisch relevanter Kriterien

Lokalität der Verlustleistung

Für die folgenden Untersuchungen wird wieder das eingangs vorgestellte Maschinenmuster (PSM A mit $q=1$) verwendet. Wie in Abschnitt 6.3.4 gezeigt wirken sich unterschiedliche Vorsteuerwinkel bei identischer Stromamplitude und Frequenz auf die resultierenden Magnetverluste aus. Dies bedeutet im Umkehrschluss, dass sich diese Wirbelstromverluste bei geschrägten Maschinen in axialer Richtung unterscheiden. Diese inhomogene Verlustverteilung wird üblicherweise in thermischen Modellen nicht umgesetzt. Es konnten hierzu in der Literatur keine Untersuchungen gefunden werden, die sich mit diesem Thema auseinandersetzen. Durch die folgende Analyse werden die Auswirkungen abgeschätzt. Ein Verfahren wird vorgestellt, um die erläuterte Inhomogenität im thermischen Modell zu berücksichtigen. Abb. 6.99 zeigt die mittels 3D-FEM ermittelte Verlustverteilung in den Magneten für den Betriebspunkt bei

$$p_{V,Mag} \text{ in } \frac{W}{cm^3}$$

24.0

18.0

12.0

6.00

0.

Abbildung 6.99: Magnetverlustverteilung in Abhängigkeit der axialen Länge: Betriebspunkt bei $n = 12000 \frac{U}{min}$ und $I_{Ph} = 103$ A

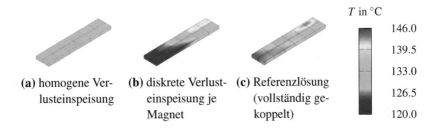

T in °C

146.0

139.5

133.0

126.5

120.0

(a) homogene Ver-   **(b)** diskrete Verlust-   **(c)** Referenzlösung
lusteinspeisung   einspeisung je   (vollständig ge-
                                       Magnet   koppelt)

Abbildung 6.100: Resultierende Magnettemperaturen bei unterschiedlicher Verlusteinspeisung

maximaler Drehzahl und einer kontinuierlichen Schrägung im Stator in Höhe von 54° elektrisch. Um qualitative Aussagen hinsichtlich der thermischen Auswirkungen treffen zu können, wird ein entsprechendes thermisches 3D-FEM-Modell verwendet. Die Vorgehensweise und definierten Randbedingungen sind in Abschnitt 5.2 erläutert. Es wird davon ausgegangen, dass eine Unterteilung einzelner Magnete nicht notwendig ist, da die thermische Leitfähigkeit innerhalb eines Magneten hoch und die geometrischen Abmessungen im Normalfall klein sind. Bei der untersuchten Maschine befinden sich sechs Magnete in axialer Richtung und zwei Magnete je Pol in tangentialer Richtung. Auf Basis der vorgestellten Modelle werden Vergleichssimulationen durchgeführt, welche die Verlustverteilung innerhalb eines Magneten als homogen annehmen. Abb. 6.100 zeigt die resultierenden Temperaturen für verschiedene Fälle der Verlusteinspeisung. Die Abbildungen zeigen, dass eine Erfassung der inhomogenen Verlustverteilung im thermischen Modell notwendig ist. Wird

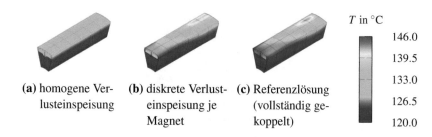

T in °C

146.0

139.5

133.0

126.5

120.0

(a) homogene Verlusteinspeisung   **(b)** diskrete Verlusteinspeisung je Magnet   **(c)** Referenzlösung (vollständig gekoppelt)

Abbildung 6.101: Resultierende Rotortemperaturen bei unterschiedlicher Verlusteinspeisung

diese nicht berücksichtigt, stellen sich im gezeigten Beispiel Abweichungen von bis zu 15 K ein. Dies entspricht bei dem zugrundeliegenden Temperaturhub einer Unterschätzung von 60 %. Werden die Verluste je Magnet eingespeist, so wird die Referenzlösung nahezu erreicht. Dies bestätigt die anfangs getroffene Annahme, dass die Verlustverteilung im Magnet als homogen angenommen werden kann. Die ermittelte diskrete Verlusteinspeisung hat sich auch in anderen Betriebspunkten als zielführend erwiesen. Diese werden aus Gründen der Übersichtlichkeit hier nicht dargestellt.

Temperaturabhängige Verlustskalierung

Wie beschrieben stellt die Temperaturabhängigkeit der Verluste für thermische Netzwerkmodelle einen wichtigen Zusammenhang dar. Aktuell ist es üblich, die Magnetverluste bei einer gewählten Temperatur, welche ungefähr einer mittleren stationären Temperatur entspricht, zu berechnen [131]. Eine Skalierung der Verluste in Abhängigkeit der Temperatur wird nicht durchgeführt. Im Allgemeinen ist es schwierig derartige Daten, in diesem Fall den spezifischen Widerstand in Abhängigkeit der Temperatur, zu finden. Die Hersteller von NdFeB-Magneten geben häufig nur einen Toleranzbereich an. Dieser liegt für die untersuchten Magnete zwischen 1,2 und 1,4 µΩm. In [103] ist die Abhängigkeit zwischen dem elektrischen Widerstand und der Temperatur messtechnisch untersucht worden. Abb. 6.102 zeigt die gemessenen Verläufe sowohl senkrecht zur Magnetisierungsrichtung (engl. Abkürzung „trans"), als auch in Magnetisierungsrichtung (engl. Abkürzung „axial"). Da die Wir-

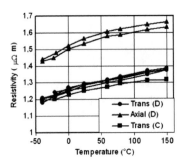

Abbildung 6.102: Darstellung des spezifischen elektrischen Widerstandes in Abhängigkeit von der Temperatur für NdFeB-Magnete [103]

belströme senkrecht zum durchsetzenden Feld fließen, ist der erst genannte Verlauf („trans") für die untersuchte Maschine zu berücksichtigen. Es ist zu erkennen, dass der spezifische Widerstand mit steigender Temperatur im Mittel nahezu linear zunimmt. Dies bedeutet im Umkehrschluss, unter Betrachtung von Abschnitt 6.3.4, dass die Magnetverluste mit steigender Temperatur fallen. Des Weiteren ist ersichtlich, dass die gemessenen Werte in etwa dem im Datenblatt des Herstellers angegebenen Fenster bei $T = 20\,°C$ entsprechen. Unter der Annahme einer linearen Abhängigkeit für den spezifischen elektrischen Widerstand kann ein Temperaturkoeffizient $\alpha_{T,NdFeB}$ zur späteren Skalierung abgeschätzt werden. Hierfür werden folgende Werte dem Diagramm (Magnet Trans(D)) entnommen:

$$T = -40\,°C \rightarrow \rho_{-40\,°C} = 1,2\,\mu\Omega m$$
$$T = 150\,°C \rightarrow \rho_{150\,°C} = 1,38\,\mu\Omega m$$

Entsprechend der beiden gewählten Stützstellen ergibt sich für den Temperaturkoeffizienten:

$$\alpha_{T,NdFeB} = 0,000754\frac{1}{K} \qquad \text{Gl. 6.120}$$

Zur Kontrolle wird der sich ergebende spezifische Widerstand bei $T = 20\,°C$ verglichen. Laut Diagramm ergibt sich hier ein Wert von ca. $1,27\,\mu\Omega m$. Gemäß dem oben abgeleiteten Temperaturkoeffizienten ergibt sich

$$\rho_{20\,°C} = \frac{\rho_{150\,°C}}{1 + \alpha_{T,NdFeB}(150\,°C - 20\,°C)} = 1,257\,\mu\Omega m \qquad \text{Gl. 6.121}$$

Dieser Wert steht somit in guter Näherung zu dem abgelesenen Wert. Hieraus ergibt sich folgender Zusammenhang:

$$\rho \mid_T = \rho \mid_{T_0} (1 + \alpha_{T,NdFeB} \cdot (T - T_0))$$

$$\text{mit } \alpha_{T,NdFeB} \approx 0,000754 \frac{1}{K}$$

Gl. 6.122

Auf Basis der ermittelten Skalierungsformel und des in Abschnitt 6.3.4 erläuterten linearen Zusammenhangs zwischen Magnetverlusten und elektrischer Leitfähigkeit, respektive spezifischem elektrischem Widerstand, lässt sich eine Skalierungsformel für die Magnetverluste ableiten. Aufgrund der umgekehrten Proportionalität ergibt sich:

$$P_{V,Mag} \mid_T = \frac{P_{V,Mag(T_0)}}{1 + \alpha_{T,NdFeB}(T - T_0)}$$

Gl. 6.123

Um die Skalierungsformel für die in Abschnitt 6.3.4 gezeigten Werte zu validieren, werden diese über die Temperatur aufgetragen. Die Zuordnung erfolgt anhand Abb. 6.102:

$$\rho = 1,2 \cdot 10^{-6} \, \Omega m \rightarrow T = -40 \, °C,$$

$$\rho = 1,3 \cdot 10^{-6} \, \Omega m \rightarrow T = +70 \, °C,$$

$$\rho = 1,4 \cdot 10^{-6} \, \Omega m \rightarrow T = +170 \, °C$$

Wie Abb. 6.103 zeigt, wird eine gute Übereinstimmung erreicht. Insgesamt ist jedoch festzustellen, dass sich die gesamten Magnetverluste dieser Maschine im relevanten Betriebsbereich um maximal 30 W unterscheiden. Somit führt eine Simulation bei einer mittleren Betriebstemperatur des Rotors zu einem guten Mittelwert bei einem maximalen Fehler von ±15 W. Dieser Wert spielt in der Gesamtverlustbilanz eine untergeordnete Rolle. Zudem liegt er im Rahmen der Messgenauigkeit und kann durch Fertigungseigenschaften beeinflusst werden. Auf Basis dessen ist eine Berechnung der Magnetverluste bei einer mittleren Temperatur / stationären Rotortemperatur für diese Maschine ausreichend. Für eine Maschine mit deutlich größeren Wirbelstromverlusten in den Permanentmagneten (z.B.: bei Einzelzahnwicklungen) kann es notwendig sein, die Temperaturabhängigkeit zu berücksichtigen. Für diesen Fall hilft die oben dargestellte Näherungsformel, um zum einen den Rechenaufwand gering

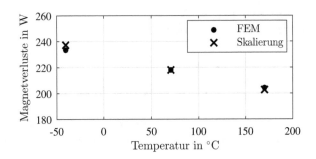

Abbildung 6.103: Magnetverluste in Abhängigkeit der Temperatur: Test der vorgestellten Skalierungsfunktion

zu halten und zum anderen die sich ändernden Verlusteigenschaften direkt im thermischen Modell zu berücksichtigen.

Zudem nimmt, wie bereits erwähnt, die Remanenzflussdichte der Magnete bei steigenden Temperaturen ab. Durch die sich ändernden Feldverhältnisse in der Maschine ändern sich auch die Magnetverluste. Um dies abzudecken sind mehrere FEM-Rechnungen notwendig, welchen jeweils eine andere Magnettemperatur und somit Magnetremanenz zugrunde liegt. Auf Basis der dann vorhandenen Datensätze können die einzelnen Verlustwerte für die entsprechenden Temperaturen interpoliert werden.

Anforderungen an das thermische Modell

Aufgrund einer möglichen Entmagnetisierung der Magnete ist es zwingend erforderlich, die Magnettemperatur möglichst genau abzuschätzen. In den vorangegangenen Kapiteln konnte gezeigt werden, dass bei geschrägten Maschinen die Verlustleistung in axialer Richtung variiert. Dies gilt es in thermischen Netzwerkmodellen durch eine lokale Verlusteinspeisung zu berücksichtigen. Es konnte erarbeitet werden, dass eine diskrete Verlusteinspeisung je Magnet ausreichend ist, um die Verlustinhomogenität hinreichend genau abzubilden. Eine weitere Lokalisierung innerhalb der Magnete ist nicht notwendig. Anhand von Gleichung (Gl. 6.123) ist eine näherungsweise temperaturabhängige Skalierung möglich.

6.3.6 Fazit

Die Wirbelstromverluste in Permanentmagneten fallen bei gut ausgelegten Maschinen üblicherweise relativ klein gegenüber den Eisen- und Kupferverlusten aus. Jedoch sind sie aufgrund der schlechten Wärmeabgabe des Rotors (z.b. für den Fall einer Statoraußenkühlung) und der maximal zulässigen Magnettemperatur (Gefahr der Entmagnetisierung) zwingend zu berechnen und für die thermische Simulation von hoher Bedeutung. Zur genauen Berechnung ist eine zeitaufwendige 3D-FEM-Simulation nötig. Aktuell werden in der Literatur Vorschläge erarbeitet, die Ergebnisse der im Normalfall ohnehin vorhandenen 2D-FEM zu nutzen, um durch analytische Erweiterungen die Magnetverluste abzuschätzen [40]. Eine gewisse Berechnungsungenauigkeit ist der elektrischen Leitfähigkeit der Magnete geschuldet, welche vom Hersteller nur mit einem großen Toleranzbereich angegeben wird. Dieser lässt sich auf einen möglichen Temperatureinfluss zurückführen. Es konnte gezeigt werden, dass die Wirbelstromverluste mit steigendem spezifischen Widerstand fallen.

Anhand einer kalorimetrischen Messung bei blockiertem Rotor werden Messung und Simulation verglichen. Durch die Realisierung verschiedener Magnetsegmentierungen in einem Rotor (Standard, axial und tangential geteilt) ist es möglich, neben den Absolutwerten auch die relative Verluständerung der verschiedenen Magnetgeometrien zu validieren. Bedingt durch vorhandene Toleranzbereiche der Materialparameter und generelle Schwierigkeiten bei einer kalorimetrischen Messung ist ein exakter Abgleich der Absolutwerte schwierig. Jedoch zeigt der Relativvergleich zwischen den verschiedenen Magnetabmessungen eine sehr gute Übereinstimmung.

Die Abhängigkeit zwischen den Magnetverlusten und dem Vorsteuerwinkel ist dargestellt. Dies führt im Fall geschrägter Maschinen zu deutlich inhomogenen Verlustverteilungen in axialer Richtung. Es wird herausgearbeitet, dass die Verluste je Magnet separat zu übergeben sind. Somit kann die beschriebene Inhomogenität auch im thermischen Modell hinreichend genau abgebildet werden. Auf Basis dessen wird eine gute Abschätzung der Rotortemperatur erreicht, welche speziell für die Magnete wichtig ist (Entmagnetisierung, Dauerleistung).

Die gezeigte Abhängigkeit der Magnetverluste vom spezifischem elektrischen Widerstand spielt für das temperaturabhängige Verlustverhalten eine wichtige Rolle. Bei steigenden Temperaturen fallen die Magnetverluste. Auf Basis einer Messreihe, die den Zusammenhang zwischen Temperatur und spezifischem elektrischem Widerstand darstellt, wird eine Skalierungsformel abgeleitet, welche in thermische Netzwerkmodelle implementiert werden kann. Es bleibt jedoch zu erwähnen, dass in der Regel die Magnetverluste einer gut ausgelegten Maschine mit eingebetteten Magneten gering ausfallen. Hierbei ist die Berechnung der Verluste bei einer mittleren Rotortemperatur aufgrund des geringen absoluten Fehlers in erster Näherung ausreichend.

6.4 Einfluss von Stromoberschwingungen durch den Umrichter

Elektrische Maschinen für Hybrid- und Elektrofahrzeuge werden durch einen Umrichter gespeist. Hiermit können die benötigten, durch äußere Randbedingungen (z.B.: Batteriespannung und Taktfrequenz) begrenzten, Phasenspannungen bzw. -ströme generiert werden. Dies wird durch Taktung der Leistungshalbleiter gemäß definierter Pulsmuster ermöglicht. Hinsichtlich der Pulsmuster existieren verschiedene Verfahren, wie SVPWM[*], Flat-Top[†] oder Blockbetrieb[‡] [105, 106]. In dieser Arbeit wird sowohl messtechnisch als auch simulativ nur der SVPWM-Betrieb angewandt. Durch den getakteten Betrieb sind in der Realität keine rein sinusförmigen Ströme möglich. Es resultieren höherfrequente Anteile, welche als Stromoberschwingungen bezeichnet werden. Diese werden im Auslegungs- und Berechnungsprozess von elektrischen Maschinen oft vernachlässigt. In dieser Arbeit soll dieser parasitäre Effekt anhand durchgeführter Messungen und Simulationen im Hinblick auf zusätzliche Verlustleistungen abgeschätzt werden. Hierbei liegt der Fokus weniger auf einem exakten Verlustabgleich, sondern mehr auf der Darstellung von Wirkzusammenhängen. So wird die Abhängigkeit der Zusatzverluste von der Bat-

---

[*]Space-Vector-Pulse-Width-Modulation, dt.: Raumzeiger-Pulsweitenmodulation

[†]Im Bereich des Spanunngsmaximums (für ca. 60°) wird die Ausgangsspannung in der Vollaussteuerung belastet. Dieses Verhalten wird durch das Aufschalten einer charakteristischen Nullkomponente zu der jeweiligen Steuerspannung generiert.[93]

[‡]Schaltung längerer Spannungsblöcke, keine hochfrequente Taktung

teriespannung und der Taktfrequenz erarbeitet. Die Messungen und Berechnungen müssen an einer anderen permanentmagneterregten Maschine (PSM C) durchgeführt werden. Diese wird im Folgenden kurz vorgestellt. Auf eine umfassende Untersuchung hinsichtlich der thermischen Auswirkungen der Zusatzverluste durch Stromoberschwingungen wird verzichtet. Für eine genaue thermische Simulation ist es jedoch notwendig, die auftretenden Zusatzverluste zu berücksichtigen. Speziell die im Rotor auftretenden Eisen- und Magnetverluste, welche sich, wie später gezeigt, deutlich erhöhen können, spielen bei statoraußengekühlten Maschinen eine wichtige Rolle.

6.4.1 Verlustmechanismen

In den folgenden Untersuchungen werden die vorab betrachteten Verlustarten (Kupfer-, Eisen- und Magnetverluste) analysiert. Hinsichtlich der einzelnen Verlustmechanismen gelten dieselben Wirkprinzipien, die den vorausgegangenen Kapiteln entnommen werden können. Aufgrund der höheren elektrischen Frequenzen und der verhältnismäßig geringen Stromamplituden stehen jedoch die frequenzabhängigen Effekte im Vordergrund.

6.4.2 Stand der Technik - Kurzzusammenfassung

Der Einfluss von Stromoberschwingungen, die aus dem Umrichterbetrieb resultieren, stellen ein aktuelles, oft untersuchtes Themengebiet dar. Es ist allgemein bekannt, dass der nicht ideal sinusförmige Stromverlauf und damit die enthaltenen Stromoberschwingungen zu erhöhten Verlusten in der elektrischen Maschine führen [22, 38, 52, 57, 60, 84]. Hierzu gibt es eine Reihe von rein simulativen Untersuchungen und nur wenige durch Messung bestätigte Analysen.

Einzelne Untersuchungen, die den Einfluss auf die Kupferverluste darstellen, sind [22, 38, 72] zu entnehmen. Hierbei verwendet [22] das in Kapitel 6.1 vorgestellte analytische Berechnungsverfahren um die Zusatzverluste zu ermitteln. Hier zeigt sich eine gute Übereinstimmung. [60] stellt ein vereinfachtes Reluktanz-Modell vor, auf Basis dessen die Eisen-Zusatzverluste durch Stromoberschwingungen, ohne Verwendung transienter FEM, berechnet werden können. [128] fokussiert auf den Verlustanstieg innerhalb der Permanentmagnete und verwendet vorzugsweise 3D-FEM. Wie einleitend beschrieben, soll in dieser Arbeit die Darstellung von Wirkzusammenhängen hinsichtlich der zu erwartenden Zusatzverluste im Vordergrund stehen. Hierbei werden alle in dieser Arbeit behandelten Verlustarten betrachtet. Nach einem Messabgleich werden die Auswirkungen einer geänderten Zwischenkreisspannung auf das resultierende Stromspektrum sowie die resultierenden Zusatzverluste analysiert. Zudem wird der Einfluss unterschiedlicher Taktfrequenzen betrachtet.

6.4.3 Berechnungsgrundlagen

Um maximale Genauigkeiten zu ermöglichen, werden für alle Berechnungen transiente FEM-Modelle verwendet. Hierbei werden die Ströme inklusive Stromoberschwingungen in das Modell eingespeist. Weitere Einzelheiten zum Simulationsmodell im Allgemeinen und zu den einzelnen Methoden der Verlustberechnung sind dem folgenden Kapitel zu entnehmen.

6.4.4 Verlustanalyse und Abgleich mit der Messung

Maschinenmuster

Für die folgenden Messungen und Analysen muss auf eine andere Maschine (PSM C) zurückgegriffen werden. Hierbei handelt es sich ebenfalls um eine permanentmagneterregte Synchronmaschine, jedoch mit acht Polen. Die entsprechenden Daten und der Blechschnitt können dem Anhang A.9 entnommen werden.

Messung

Zusatzverluste durch Stromoberschwingungen sind besonders im Teillastbereich (kleine Drehmomente und Drehzahlen) für den Wirkungsgrad und die Erwärmung der Maschine relevant [38, 84]. Auch für die Betrachtung der verschiedenen Zyklen spielen diese Betriebspunkte eine wichtige Rolle (vergleiche Abschnitt 2.3: Beispiel NEFZ). Im Bereich großer Drehmomente treten aufgrund der hohen Ströme bereits sehr große Verlustleistungen durch die Grundschwingung auf. Gleiches gilt für Betriebspunkte bei hohen Drehzahlen, da dort die näherungsweise quadratisch ansteigenden Eisenverluste dominieren. Somit sind etwaige Zusatzverluste durch Stromoberschwingungen in den beiden genannten Gebieten des Kennfeldes schwierig zu messen. Auf Basis der angeführten Überlegungen erscheint es sinnvoll, einen Betriebspunkt bei kleiner bis mittlerer Drehzahl (hier: $n = 6000 \frac{U}{min}$) und einem eher geringen Drehmoment in Höhe von 30 Nm messtechnisch zu untersuchen.

Der Messaufbau soll an dieser Stelle nur kurz beschrieben werden, stimmt jedoch weitestgehend mit dem unter Abschnitt 6.1.4 gezeigten Aufbau überein. Infolge der hohen Maximaldrehzahl der Maschine ist ein einstufiges, mit Öl geschmiertes, Getriebe (Übersetzung 2,27) verbaut. Aussagen hinsichtlich der Gesamtverluste der Maschine sind aus diesem Grund nicht möglich, da die Drehmomentmesswelle vor dem Getriebe sitzt und die Getriebeverluste nicht explizit ermittelt werden. Die Phasenströme der Maschine werden mittels Oszilloskop bei maximaler Abtastrate aufgezeichnet (100 kHz), um entsprechende Stromoberschwingungen zu identifizieren.

Aktuelle Forschungsarbeiten zeigen, dass sich die DC-Spannung auf die Zusatzverluste auswirkt [38, 60]. Der Messpunkt ist so gewählt, dass sich trotz unterschiedlicher Batteriespannung sowohl nahezu die gleiche Stromamplitude als auch annähernd der gleiche Vorsteuerwinkel ergibt. Die Messung wird bei $U_{DC} = 180$ V und $U_{DC} = 360$ V durchgeführt. Über die resultierende Verlustdifferenz wird das Simulationsmodell validiert. Zudem gibt die sich ergebende Verlustdifferenz zwischen beiden DC-Spannungen, unter Vernachlässigung der leicht unterschiedlichen Stromamplituden und Vorsteuerwinkel, Aufschluss über die anfallenden Verluste durch Stromoberschwingungen. Der verwendete Umrichter arbeitet mit einer Taktfrequenz von $f_{Takt} = 10$ kHz.

Abb. 6.104 zeigt die gemessenen Ströme bzw. deren spektrale Komponenten für beide Spannungsniveaus. Des Weiteren zeigen Abb. 6.105a die gemessene Verlustleistung und Abb. 6.105b die im Rotor am Magneten gemessene Temperatur. Tabelle 6.12 stellt die gemessenen Daten gegenüber. Es ist zu erkennen, dass sich zwischen beiden Messungen eine Verlustdifferenz in Höhe von knapp

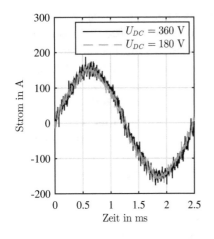

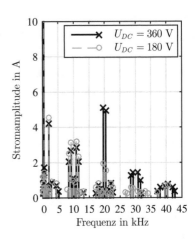

(a) Strom-Zeit-Verläufe für eine elektrische Periode

(b) Stromspektrum (Grundwelle abge-
schnitten)

Abbildung 6.104: Gemessene Phasenströme bei unterschiedlichen DC-
          Spannungen

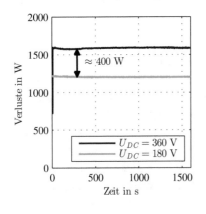

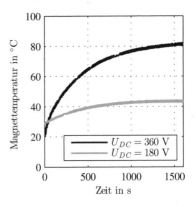

(a) gemessene Verlustleistungen   **(b)** gemessene Rotortemperaturen

Abbildung 6.105: Messdaten bei 180 und 360 V Batteriespannung

Tabelle 6.12: Messdaten bei 180 und 360 V Batteriespannung

U_{DC}	I_{Ph}	α	M	$P_{V,ges}$	η
in V	in A_{eff}	in °	in Nm	in W	in %
180	104,9	-29,2	30,13	1215	94,0
360	102,6	-21,6	29,8	1595	92,1

400 W ergibt. Die zusätzlichen Verluste bei der höheren DC-Spannung bewirken dort einen um nahezu 2 % schlechteren Wirkungsgrad. Der Verlustanstieg ist auch deutlich den gemessenen Magnettemperaturen zu entnehmen. Hierbei fällt der Gradient bei $U_{DC} = 360$ V wesentlich größer aus, was auf höhere lokale Verlustdichten schließen lässt. Die Stromsignale unterscheiden sich neben einer minimalen Änderung des Vorsteuerwinkels (circa 8°) hauptsächlich hinsichtlich der höherfrequenten Stromanteile. Die Frequenzen der resultierenden Stromoberschwingungen ergeben sich im Allgemeinen gemäß Gleichung (Gl. 6.124). Hierbei stellt f_{Takt} die Taktfrequenz und f_{EM} die elektrische Grundfrequenz der Maschine dar.

$$f_i = m \cdot f_{Takt} \pm n \cdot f_{EM} \quad \text{mit } m, n = 1, 2, 3, \dots \qquad \text{Gl. 6.124}$$

Bei Betrachtung der Frequenzanteile ist zu erkennen, dass bei größerer DC-Spannung die Seitenbänder des Stromes insbesondere bei $f = 20$ bzw. $f = 30$ kHz deutlich ansteigen. Die restlichen Komponenten sind nahezu unabhängig von der gewählten Batteriespannung bzw. vernachlässigbar gering. Auf Basis des Stromsignals ist davon auszugehen, dass die gemessene Verlustdifferenz zu einem großen Anteil auf die unterschiedlichen Stromoberschwingungen zurückzuführen ist. Somit zeigt sich, dass diese, zumindest im Bereich kleiner Leistungen, zu berücksichtigen sind. Auf Basis der gezeigten Messungen wird nun das Simulationsmodell validiert.

Simulationsmodell und Abgleich der Messung

Elektromagnetisches Simulationsmodell

Die gemessenen Stromverläufe werden im Simulationsprogramm hinterlegt. Der jeweilige Zeitschritt wird so gewählt, dass eine 40 kHz Schwingung noch mit 12 Stützstellen je Periode abgetastet wird. Hinsichtlich der Magnetverluste werden zu Beginn 3D-Vergleichsrechnungen durchgeführt. Diese zeigen Ungenauigkeiten des 2D-Modells von bis zu 15 %. Aufgrund der enormen Rechenzeit für derartige 3D-Modelle (bis zu mehreren Wochen) wird diese Ungenauigkeit in Kauf genommen und die Lösung des 2D-Modells verwendet.

Um eventuelle Stromverdrängungseffekte durch Stromoberschwingungen bewerten zu können, wird ein zweites Modell erstellt. Dieses stellt eine einzelne Nut dar, wobei alle Drähte separat modelliert werden (vgl. Vorgehensweise in Abschnitt 6.1.4). Die Verschaltung der parallelen Drähte wird als bestmöglich angenommen. Das Einfachmodell stellt, wie in Abschnitt 6.1.4 erläutert, den besten Kompromiss aus geringer Rechenzeit und ausreichender Genauigkeit dar. Die Zeitschritte werden identisch der oben definierten Vorschrift gewählt. Für die Eisenverlustberechnung wird wiederum die Gleichung nach Jordan verwendet. Da das Stanzkantenmodell zum Zeitpunkt dieser Untersuchung noch nicht erarbeitet war, wird ein globaler Korrekturfaktor verwendet. Für diese Maschine und das verbaute Elektroblech ergeben sich auf Basis intern durchgeführter Abgleiche die folgenden Werte für die Materialparameter und den Korrekturfaktor [101]

$$k_{Hys} = 229,5 \ \frac{\text{m}}{\Omega \text{s}}$$

$$k_{Wirbel} = 0,55 \ \frac{\text{m}}{\Omega} \qquad \text{Gl. 6.125}$$

$$k_{Fe} = 1,5$$

Es wird darauf hingewiesen, dass die ermittelten Koeffizienten, ähnlich wie in Abschnitt 6.2.3, auf Messungen im Bereich von bis zu 3 kHz basieren. Aufgrund der Verwendung eines 2D-Modells wird ein eventuell im Blech auftretender Skin-Effekt und die daraus resultierenden Auswirkungen auf die Eisenverluste nicht berücksichtigt. Die mechanischen Verluste (Lager- und Luftreibung) werden ebenfalls einem vorab durchgeführten Maschinenabgleich entnommen [101]. Diese sind bei gleichen Drehzahlen, unabhängig der äußeren Randbedingungen (z.B. DC-Spannung), als konstant anzunehmen und spielen deshalb bei reinen Quervergleichen keine Rolle.

Nachrechnung der gemessenen Betriebspunkte
Tabelle 6.13 stellt die berechneten und gemessenen Werte gegenüber. Zwischen beiden betrachteten Punkten ergibt sich laut Simulation eine Verlust-

Tabelle 6.13: Simulierte Verluste für die beiden Messpunkte

U_{DC}	I	α	$P_{V,Cu}$	$P_{V,Fe}$	$P_{V,Mag}$	$P_{V,ges}$	Δ_{Sim}	Δ_{Mess}
in V	in A_{eff}	in °	in W	in W	in W	in W	in W	in W
180	104,9	-29,2	287,9	598,3	25,8	1001,1	387,4	380,0
360	102,6	-21,6	315,9	916,4	66,5	1388,5	-	-

differenz in Höhe von 387 W. Diese passt sehr gut zu dem messtechnisch ermittelten Wert in Höhe von 380 W. Dieses Ergebnis zeigt, dass die Vorgehensweise und das Berechnungsmodell für die beabsichtigte Herleitung von Wirkzusammenhängen bzw. von Trendaussagen, trotz der getroffenen Annahmen, valide ist. Weiterhin ist der Tabelle zu entnehmen, dass der Hauptanteil der sich ändernden Verlustleistung auf die Eisenverluste zurückzuführen ist (318 W). Die Magnetverluste verdreifachen sich fast bei doppelter Batteriespannung, bleiben absolut gesehen jedoch gering. Allerdings können diese Verluständerungen im Rotor bei statoraußengekühlten Maschinen für die thermische Berechnung von hoher Bedeutung sein. Die Kupferverluste weisen nur einen sehr geringen Anstieg auf. Generell gilt es hierbei den minimal unterschiedlichen Phasenstrom und Vorsteuerwinkel zu beachten. Abb. 6.106 stellt zusammenfassend die ermittelten Verlustdifferenzen absolut und relativ gegenüber.

Systemmodell zur Generierung weiterer Betriebspunkte im Kennfeld
Wie im vorherigen Abschnitt gezeigt, liefert das Simulationsmodell valide Ergebnisse. Allerdings handelt es sich hierbei nur um einen betrachteten Betriebspunkt. Da derartige Messungen sehr zeitaufwendig sind, wird an dieser Stelle auf ein Systemsimulationsmodell zurückgegriffen, um die Ströme weiterer Betriebspunkte zu simulieren. Dieses Modell ist für die untersuchte Maschine parametriert und entstammt einer entsprechenden Abteilung der Firma Bosch [102]. Zur Validierung des Modells werden die Stromverläufe der oben gemessenen Betriebspunkte verglichen (siehe Abb. 6.107 und Abb. 6.108). Es zeigt sich, dass die gemessenen und simulierten Stromverläufe sehr gut übereinstimmen. Insbesondere die relevanten Stromoberschwingungen, welche als Seitenbänder bei Vielfachen der Taktfrequenz auftreten, werden durch die Sys-

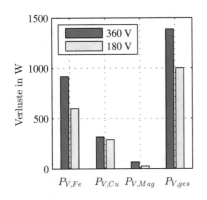
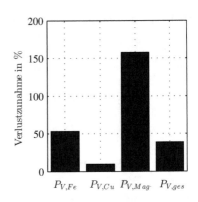

(a) absolut   **(b)** relativ

Abbildung 6.106: Simulierte Verluste für die beiden Messpunkte und Angabe der relativen Verlustzunahme bei einer Spannungserhöhung von 180 auf 360 V

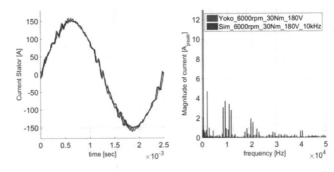

Abbildung 6.107: Vergleich der gemessenen (rot) und simulierten (blau) Stromverläufe und -spektren, Batteriespannung 180 V [102]

temsimulation nahezu korrekt abgebildet. Allein die durch Maschinenoberfelder hervorgerufenen Stromanteile (siehe Bereich kleiner Frequenzen) sind im Simulationsmodell nicht berücksichtigt. Aus der Gegenüberstellung ist ersichtlich, dass sich das Modell zur Erzeugung weiterer Stromverläufe gut eignet.

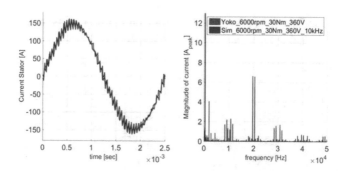

Abbildung 6.108: Vergleich der gemessenen (rot) und simulierten (blau) Stromverläufe und -spektren, Batteriespannung 360 V [102]

Für die Analyse werden fünf im Kennfeld verteilte Betriebspunkte (Kennzeichnung A-E, siehe Abb. 6.109) näher betrachtet.

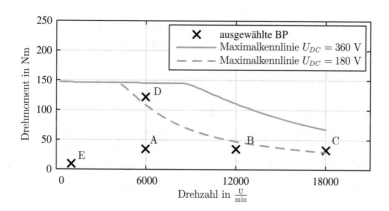

Abbildung 6.109: Ausgewählte Betriebspunkte zur Verlustanalyse durch Stromoberschwingungen

Tabelle 6.14: Berechnungsergebnisse unter Berücksichtigung von Stromoberschwingungen ($f_{Takt} = 10\,\text{kHz}$, $U_{DC} = 360$ V)

BP	Strom	$P_{V,Fe}$	$P_{V,Cu}$	$P_{V,Mag}$	$P_{V,mech}$	$P_{V,ges}$	$\Delta_{real-sin}$	$\Delta_{real-sin}$
		in W	in W	in W	in W	in W	in W	in %
A	sinus	460,6	282,3	0,6	89,4	832,9	-	-
A	real	960,9	320,5	72,4	89,4	1443,2	+610,3	+73,3
B	sinus	1444,6	349,4	2,0	324,3	2120,3	-	-
B	real	1973,7	392,6	83,1	324,3	2773,6	+653,3	+30,8
C	sinus	2845,4	1028,1	5,2	693,4	4572,1	-	-
C	real	4071,1	1060,0	115,2	693,4	5939,7	+1367,6	+29,9
D	sinus	751,2	3160,5	3,1	89,4	4004,2	-	-
D	real	1032,9	3215,2	143,5	89,4	4481,0	+476,8	+11,9
E	sinus	1,2	29,6	0,0	3,4	34,2	-	-
E	real	51,1	30,6	1,3	3,4	86,3	+52,2	+152,7

Vergleich mit und ohne Stromoberschwingungen

Zu Beginn soll der Einfluss der Stromoberschwingungen auf die auftretenden Verlustleistungen im Allgemeinen untersucht werden. Als Randbedingung
werden $U_{DC} = 360$ V und $f_{Takt} = 10$ kHz angenommen. Die elektromagnetischen Simulationen werden einmal mit rein sinusförmigem Strom und einmal
mit „realem" Strom durchgeführt. Somit gibt die Analyse Aufschluss darüber,
wie groß ein möglicher Fehler bei Vernachlässigung der Stromoberschwingungen ist. Tabelle 6.14 zeigt die ermittelten Daten, während Abb. 6.110 diese
im Kennfeld grafisch darstellt. Den Daten ist zu entnehmen, dass durch Stromoberschwingungen deutliche Verlustanstiege resultieren. Wie vorab erklärt,
stellt sich die relative Zunahme bei geringer Motorleistung am größten dar.
Des Weiteren ist zu erkennen, dass die Zusatzverluste im Großteil des Kennfeldes bei circa 500-600 W liegen. Die Zusatzverluste bei Betriebspunkt C
sind getrennt zu bewerten, da das SVPWM-Verfahren in der Praxis dort nor-
malerweise nicht angewendet wird. Hier ergeben sich wegen $\frac{f_{Takt}}{f_{el}} = \frac{10\,\text{kHz}}{1,2\,\text{kHz}}$ nur
acht Abtastpunkte je Periode, was zu einem Stromsignal mit großen höherfre-
quenten Anteilen führt. Dies begründet die dort deutlich größeren Zusatzverluste. Der gezeigten Tabelle ist entnehmbar, dass der Großteil der Zusatzverluste wiederum durch Eisenverluste zu begründen ist. Hinsichtlich thermischer
Analysen ist jedoch auch die Entwicklung der Magnetverluste relevant. Diese
steigen im Betriebspunkt D von circa 3 auf 143 W an.

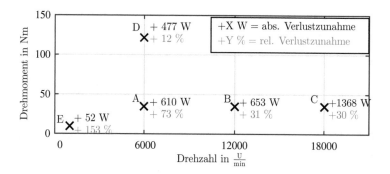

Abbildung 6.110: Zusatzverluste durch Stromoberschwingungen für ausgewählte Punkte im Kennfeld- absolute und relative Darstellung ($f_{Takt} = 10\,\text{kHz}$, $U_{DC} = 360$ V)

Einfluss der Batteriespannung

Wie bereits erwähnt, sind die durch Stromoberschwingungen hervorgerufenen Zusatzverluste von der Batteriespannung abhängig. Dies konnte im Rahmen der oben gezeigten Messung an einem Betriebspunkt gezeigt werden. Um den Einfluss allgemeingültig darzustellen, werden die Stromverläufe für alle genannten Betriebspunkte bei $U_{DC} = 180$ V und $U_{DC} = 360$ V generiert. Die Betriebspunkte C und D sind mit der kleineren Batteriespannung in Höhe von 180 V nicht zu erreichen. Es wird eine Taktfrequenz von 10 kHz angenommen. Tabelle 6.15 zeigt die sich ergebenden Verlustleistungen. Es ist zu beachten, dass sich aufgrund der unterschiedlichen DC-Spannungen andere Ströme und Vorsteuerwinkel in den Betriebspunkten ergeben können. Aus diesem Grund werden die Verluste auf Basis rein sinusförmiger Ströme mit angegeben. Es ist darauf hinzuweisen, dass Betriebspunkt A so gewählt ist, dass sich für beide DC-Spannungen der gleiche Strom- bzw. Vorsteuerwinkel ergibt. Abb. 6.111 stellt die Zusatzverluste grafisch für die analysierten Betriebspunkte dar. Hinsichtlich der Zusatzverluste zeigt sich, dass diese mit niedriger DC-Spannung geringer ausfallen. Entsprechend steigen die Zusatzverluste bei höherer DC-Spannung. Wird jedoch die Windungszahl so angepasst, dass die identische Kennlinie (*M-n*) resultiert, so ergibt sich der gleiche Fluss und somit die gleichen Zusatzverluste. Daneben sind für die Auslegung der Maschine die resul-

Tabelle 6.15: Berechnungsergebnisse unter Berücksichtigung verschiedener Batteriespannungen; $f_{Takt} = 10$ kHz

BP	Strom	U_{DC}	$P_{V,Fe}$	$P_{V,Cu}$	$P_{V,Mag}$	$P_{V,mech}$	$P_{V,ges}$	$P_{V,Zusatz}$
		in V	in W	in W	in W	in W	in W	in W
A	sinus	180	460,6	282,3	0,6	89,4	832,9	
A	sinus	360	460,6	282,3	0,6	89,4	832,9	
A	real	180	576,9	293,2	25,0	89,4	984,5	+151,6
A	real	360	960,9	320,5	72,4	89,4	1443,2	+610,3
B	sinus	180	407,5	1867,2	5,8	324,3	2604,8	
B	sinus	360	1444,6	349,4	2,0	324,3	2120,3	
B	real	180	525,4	1910,1	56,8	324,3	2816,6	+211,8
B	real	360	1973,7	392,6	83,1	324,3	2773,6	+653,3
E	sinus	180	30,8	29,5	0,0	3,4	63,7	
E	sinus	360	1,2	29,6	0,0	3,4	34,2	
E	real	180	49,3	30,4	1,2	3,4	84,3	+20,6
E	real	360	51,1	30,6	1,3	3,4	86,3	+52,2

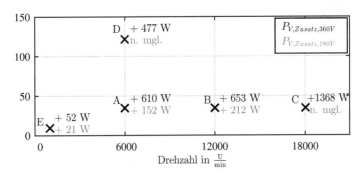

Abbildung 6.111: Zusatzverluste durch Stromoberschwingungen bei 180 und 360 V Batteriespannung ($f_{Takt} = 10$ kHz)

tierenden Gesamtverluste $P_{V,ges}$ ($P_{V,Sinus} + P_{V,Zusatz}$) sowie die größere Leistung, welche sich durch eine höhere DC-Spannung ergibt, relevant. Hinsichtlich der Gesamtverluste ist eine niedrigere Batteriespannung nur im Bereich geringer Leistung (siehe Betriebspunkte A und E; oft: zyklusrelevanter Bereich) vorteilhaft. Für diese Betriebspunkte können die Zusatzverluste durch Stromoberschwingungen dominant ausfallen und den Vorteil der höheren DC-Spannung egalisieren.

Einfluss der Taktfrequenz

Im folgenden Abschnitt wird bei festgelegter DC-Spannung (360 V) die Taktfrequenz ($f_{Takt} = 5, 10, 20$ kHz) variiert. Es werden die oben genannten Betriebspunkte, mit Ausnahme von E[§], analysiert. Tabelle 6.16 zeigt die resultierenden Daten. Wie den Daten zu entnehmen ist, fallen die Zusatzverluste bei allen Betriebspunkten mit steigender Taktfrequenz. Betriebspunkt C ($n = 18000 \frac{U}{min}$) ist mit einer Taktfrequenz in Höhe von 5 kHz nicht mehr generierbar, da sich hier nur noch vier Abtastwerte je Periode ergeben. Abbildung 6.112 stellt die ermittelten Zusatzverluste in Abhängigkeit der Taktfrequenz im Kennfeld gegenüber.

Abbildung 6.113 zeigt beispielhaft die sich ergebenden Stromspektren für Betriebspunkt A unter Berücksichtigung der verschiedenen Taktfrequenzen. Es ist zu erkennen, dass mit dem Anstieg der Taktfrequenz die auftretenden maximalen Stromamplituden abnehmen. Allgemein ist festzuhalten, dass für diesen Betriebspunkt die größten Amplituden der Stromoberschwingungen bei den Seitenbändern der doppelten Taktfrequenz auftreten (Bsp.: $f_{Takt} = 5$kHz $\rightarrow$ $I_{max,i}$ bei $f_i = 2 \cdot f_{Takt} \pm f_{EM}$). Dies lässt sich durch die relativ hohe DC-Spannung im Vergleich zu der relativ geringen Phasenspannung erklären. Bei näherer Analyse ist ein nahezu reziproker Abfall der dominanten Stromamplituden mit steigender Taktfrequenz erkennbar. Eine entsprechende Analyse der Zusatzverluste (siehe Abb. 6.114) zeigt hier ein ähnliches Verhalten. Der Ausreißer von BP B bei einer Taktfrequenz von 5 kHz ist durch die bereits sehr

---

[§]Aufgrund der geringen Grundfrequenz in diesem Betriebspunkt und der oben beschriebenen extrem feinen Abtastung in dem Simulationsmodell würde sich eine enorme Rechenzeit ergeben. Auf diese wird an dieser Stelle verzichtet, da hinsichtlich des zu analysierenden Wirkzusammenhangs kein Unterschied zu den anderen Betriebspunkten zu erwarten ist.

Tabelle 6.16: Berechnungsergebnisse unter Berücksichtigung verschiedener Taktfrequenzen

BP	Strom	f_{Takt}	$P_{V,Fe}$	$P_{V,Cu}$	$P_{V,Mag}$	$P_{V,mech}$	$P_{V,ges}$	$\Delta_{real-sin}$	$\Delta_{real-sin}$
		in Hz	in W	in W	in W	in W	in W	in W	in %
A	sinus	-	460,6	282,3	0,6	89,4	832,9	0	0
A	real	5	1113,6	357,5	146,4	89,4	1706,8	873,9	+104,9
A	real	10	960,9	320,5	72,4	89,4	1443,2	610,2	+73,3
A	real	20	873,6	296,2	25,2	89,4	1284,4	451,5	+54,2
B	sinus	-	1444,6	349,4	2,0	324,3	2120,3	0	0
B	real	5	3119,5	581,5	395,3	324,3	4420,6	2300,3	+108,5
B	real	10	1973,7	392,6	83,1	324,3	2773,6	653,3	+30,8
B	real	20	1765,0	372,9	40,8	324,3	2503,1	382,7	+18,1
C	sinus	-	2845,4	1028,1	5,2	693,4	4572,1	0	0
C	real	5	—	—	—	—	—	—	—
C	real	10	4071,1	1060,0	115,2	693,4	5939,7	1367,6	+29,9
C	real	20	3522,9	1005,6[a]	56,1	693,4	5278,0	705,9	+15,4
D	sinus	-	751,2	3160,5	3,1	89,4	4004,2	0	0
D	real	5	1139,8	3290,2	279,1	89,4	4798,4	794,2	+19,8
D	real	10	1032,9	3215,2	143,5	89,4	4481,0	476,8	+11,9
D	real	20	977,4	3179,7	55,9	89,4	4302,4	298,1	+7,5

[a]Die im Vergleich zu der reinen Sinusspeisung bzw. zu der Speisung basierend auf 10 kHz niedrigeren Kupferverluste sind in diesem Betriebspunkt auf eine leicht niedrigere Stromamplitude der Grundschwingung zurückzuführen. Die Differenz beträgt ca. 2 % und resultiert aus dem genutzten Systemmodell. Hinsichtlich der anderen Betriebspunkte ergeben sich an dieser Stelle im Mittel Abweichungen von kleiner 0,5 %.

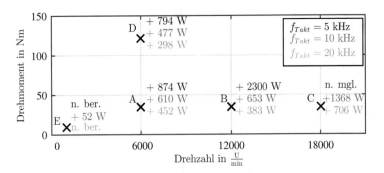

Abbildung 6.112: Abhängigkeit der Zusatzverluste von der Taktfrequenz ($U_{DC} = 360$V)

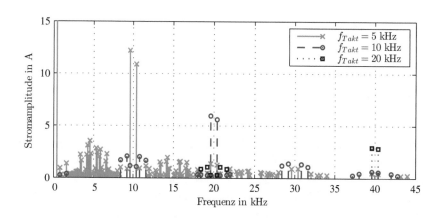

Abbildung 6.113: Stromspektrum bei unterschiedlichen Taktfrequenzen für BP A

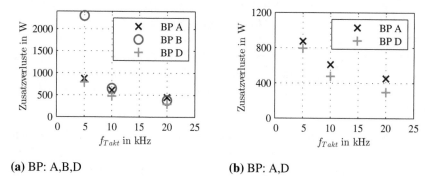

(a) BP: A,B,D   **(b)** BP: A,D

Abbildung 6.114: Abhängigkeit der Zusatzverluste von der Taktfrequenz

niedrige Anzahl an Stützstellen bei dieser Drehzahl zu erklären. Aus diesem Grund zeigt Abb. 6.114b nur die Betriebspunkte A und D. Anhand der durchgeführten Berechnungen zeigt sich, dass hinsichtlich der Maschinenverluste eine große Taktfrequenz von Vorteil ist. Jedoch ist zu beachten, dass mit steigender Taktfrequenz die Schaltverluste innerhalb des Umrichters ansteigen [52]. Weiterführende Arbeiten könnten sich an dieser Stelle damit auseinandersetzen, dass resultierende Gesamtoptimum zu identifizieren und allgemein zu beschreiben.

6.4.5 Fazit

Innerhalb dieses Kapitels werden die durch Stromoberschwingungen hervorgerufenen Zusatzverluste einer PSM analysiert. Es zeigt sich, dass diese für die Verlustberechnung, besonders im Teillastbereich, nicht vernachlässigt werden dürfen. Für die analysierte Maschine betragen diese bei einer Taktfrequenz von 10 kHz , SVPWM-Ansteuerung und einer DC-Spannung von 360 V bis zu 600 W. Je nach Betriebspunkt und umgesetzter Gesamtleistung variiert der relative Anteil der Zusatzverluste. Demzufolge treten bei kleinen Nutzleistungen, welche für gewöhnliche Fahrzyklen (z.B. NEFZ) von großer Bedeutung sind, erhebliche Änderungen auf. Des Weiteren konnte gezeigt werden, dass eine Abhängigkeit der Zusatzverluste von der anliegenden Batteriespannung besteht. Mit zunehmender Batteriespannung steigen die durch Stromoberschwingungen hervorgerufenen Zusatzverluste. Jedoch kommt es bei veränderter DC-Spannung zu anderen Phasenströmen beziehungsweise Vorsteuerwinkeln und zu einer veränderten Maximalleistung. Aus diesem Grund ist das hinsichtlich Gesamtverlusten und benötigter Leistung resultierende Spannungsoptimum zu finden.

Anschließend wird der Einfluss der Taktfrequenz untersucht. Hierbei zeigt sich, dass eine höhere Taktfrequenz zu geringeren Zusatzverlusten in der Maschine führt. Dies ist auf die Tatsache zurückzuführen, dass je Periode mehr Abtastpunkte zur Verfügung stehen und somit sinusförmigere Ströme erzeugt werden können. Es bleibt zu erwähnen, dass mit steigender Taktfrequenz die Schaltverluste im Umrichter zunehmen. So ist an dieser Stelle das für den gesamten Antriebsstrang geltende globale Optimum zu ermitteln. Eine alleinige Betrachtung der elektrischen Maschine ist hier nicht zielführend. Des Weiteren müssen an dieser Stelle auch Aspekte, wie z.B. das resultierende Geräuschverhalten, mit betrachtet werden.

7 Gesamtmaschinenvalidierung: Verluste und Temperaturen

Im folgenden Kapitel sollen die vorangegangenen Berechnungsergebnisse und erarbeiteten Methoden zusammenfassend validiert werden. Als Basis dient das vorgestellte Maschinenmuster PSM A, gekennzeichnet durch die gute Drahtlage (siehe Kapitel 4 bzw. Abschnitt 6.1.4). Die Validierung erfolgt sowohl hinsichtlich der Verluste als auch hinsichtlich der Temperaturberechnung anhand der durchgeführten Leerlauf- und Kurzschlussversuche.

Validierung der Verluste

Abb. 7.1a stellt den Vergleich im Leerlauffall (offene Klemmen, durch Lastmaschine angetrieben) dar, während der Kurzschlussfall in Abbildung 7.1b gezeigt wird. Tabelle 7.1 führt sowohl die einzelnen Verlustwerte als auch die resultierenden Abweichungen an. Wie den folgenden Darstellungen zu entnehmen ist, ergibt sich eine sehr gute Übereinstimmung zwischen Simulation und Messung. Die Abweichungen betragen durchgängig weniger als 5 %.

Tabelle 7.1: Zusammenfassung der berechneten und gemessenen Verluste für ausgewählte Betriebspunkte

BP	n	$P_{V,Cu}$	$P_{V,Mag}$	$P_{V,Fe}$	$P_{V,Lager}$	$P_{V,Luft}$	$P_{V,Sim}$	$P_{V,Mess}$	Δ
-	in $\frac{U}{min}$	in W	in W	in W	in W	in W	in W	in W	in %
LL	1500	0	0,1	77,0	18,2	0,4	95,7	95,4	+0,3
LL	6000	0	2,3	543,9	72,9	22,7	641,8	669,4	-4,1
LL	11000	0	7,6	1502,9	133,6	139,8	1783,9	1802,2	-1,0
KS	1500	2775	1,5	56.2	18,2	0,4	2851,3	2909,6	-2,0
KS	6000	2946	24,6	453.3	72,9	22,7	3519,5	3587,7	-1,9
KS	11000	3176	82,8	1309.7	133,6	139,8	4841,9	4829,3	+0,3

© Springer Fachmedien Wiesbaden GmbH, ein Teil von Springer Nature 2019
D. Bauer, *Verlustanalyse bei elektrischen Maschinen für Elektro- und Hybridfahrzeuge zur Weiterverarbeitung in thermischen Netzwerkmodellen*, Wissenschaftliche Reihe Fahrzeugtechnik Universität Stuttgart, https://doi.org/10.1007/978-3-658-24272-5_7

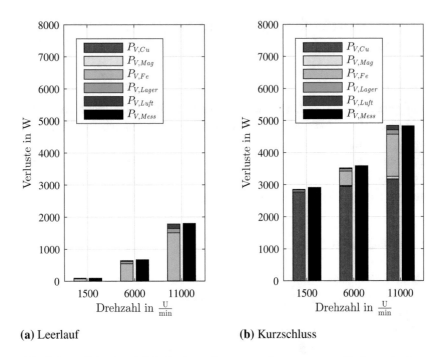

(a) Leerlauf   **(b)** Kurzschluss

Abbildung 7.1: Vergleich der berechneten und gemessenen Verluste im Leerlauf und Kurzschluss

Validierung der Temperaturen

Im nächsten Schritt werden die berechneten und gemessenen Temperaturen,
respektive Temperaturverläufe, miteinander verglichen. Diese Gegenüberstellung gibt Aufschluss über die Berechnungsgenauigkeit der einzelnen Verlustarten, die Qualität des Verlusttransfers im Sinne der lokalen Verlustverteilung
und die Güte des ermittelten temperaturabhängigen Verlustverhaltens ($\sim$ Verlustskalierung). Da die Verbesserung der Schnittstelle zwischen Elektromagnetik und Thermik neben der exakten Verlustberechnung ein wesentliches Ziel
dieser Arbeit darstellt, soll an dieser Stelle eine Zusammenfassung der erarbeiteten Methoden angeführt werden. Diese werden im Folgenden angegeben und
sind nach Verlustart, respektive Verlustverteilung/-skalierung, getrennt.

Tabelle 7.2: Übersicht über die umgesetzten Methoden zur Verlusteinspeisung und Verlustskalierung im thermischen Modell

Kupferverluste	**Verlustverteilung:** • Trennung nach Wickelkopf und Aktivteil • Unterteilung der Nut in radiale Schichten (hier: 10) • Unterteilung in klassisch-ohmsche und frequenzabhängige Verluste **Verlustskalierung:** • Skalierung in Abhängigkeit des Verlustanteils: $P_{V,Cu}\,\big|_T = \dfrac{P_{V,Cu,Zusatz}\big|_{T_0}}{(1+\alpha(T-T_0))^\beta} + P_{V,Cu,DC}\,\big|_{T_0}\cdot(1+\alpha(T-T_0))$, mit $\beta = 1$ • lokale Verlustskalierung in jedem Kontrollvolumen • zusätzlich zur genannten Verlustskalierung Stromnachführung im Kurzschlussfall durch FEM-Rechnungen bei verschiedenen Magnettemperaturen notwendig $\rightarrow$ Skalierung über $P_{V,Cu}\,\big|_{T,I} = \dfrac{I^2\big|_T}{I^2\big|_{T_0}}\cdot P_{V,Cu}\,\big|_T$
Eisenverluste	**Verlustverteilung:** • 4 radiale Schichten im Stator (Zahnkopf, $\frac{1}{2}$ Zahn, $\frac{1}{2}$ Zahn, Joch) • 2 radiale Schichten im Rotor (unterhalb und oberhalb Magnet) • 2 tangentiale Schichten im Rotor (Trennung in Polmitte) • Berücksichtigung der Zusatzverluste durch Stirnstreufelder in den Randlamellen **Verlustskalierung:** • Nachführung der geänderten Eisenverluste durch FEM-Rechnungen bei verschiedenen Magnettemperaturen • lokale Verlustskalierung mittels $P_{V,Fe}\,\big|_T = P_{V,Fe}\,\big|_{T_0}\cdot(1-\alpha_{Fe}(T-T_0))$, mit $\alpha_{Fe} = 0{,}001\,\frac{1}{K}$
Magnetverluste	**Verlustverteilung:** • Verlustbestimmung je Magnet • homogene Verlustverteilung innerhalb eines Magneten **Verlustskalierung:** • Verlustskalierung (hier aufgrund der geringen Quantität deaktiviert) gemäß: $P_{V,Mag}\,\big|_T = \dfrac{P_{V,Mag}\,\big|_{T_0}}{(1+\alpha_{T,NdFeB}(T-T_0))}$ mit $\alpha_{T,NdFeB} \approx 0{,}000754\,\frac{1}{K}$

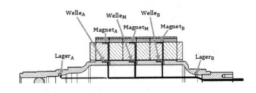

(a) Messstellen im Stator   (b) Messstellen im Rotor

Abbildung 7.2: Vorhandene Temperaturmessstellen im Stator und Rotor der
Maschine. Wickelkopf- und Kühlwassertemperatur nicht
dargestellt.

Die thermischen Rechnungen werden mit dem unter Kapitel 5.1.4 vorgestellten thermischen Netzwerkmodell durchgeführt. Die Parametrierung und die
Randbedingungen des Modells können der Arbeit von Kühbacher [68] entnommen werden. Des Weiteren ist dort ein ausführlicher Vergleich der resultierenden Temperaturen zu finden. Hier wird aus Gründen der Übersichtlichkeit
nur der Kurzschlussfall bei 11000 $\frac{U}{min}$ dargestellt und diskutiert. Dieser wird
aufgrund der größten Verlustleistungen und folglich höchsten Temperaturen
ausgewählt.

Um thermisch einen besseren Vergleich ziehen zu können, werden die unter Kapitel 6.1.4 und 6.2.4 vorgestellten Messungen noch einmal wiederholt
und bis zur Erreichung stationärer Endtemperaturen durchgeführt. Es wird darauf hingewiesen, dass die Magnetverluste aufgrund ihrer geringen Quantität
($\approx 80\,\text{W}$) bei einer mittleren Temperatur berechnet werden und im thermischen
Modell nicht zusätzlich skaliert werden. Zudem konnten im Rahmen dieser
Arbeit die Zusatzverluste durch Stirnraumfelder nicht mehr im thermischen
Modell berücksichtigt werden. Abb. 7.2a und 7.2b zeigen die vorhandenen
Temperaturmessstellen. Zur besseren Evaluierung der Simulation sind alle Sta-
tormessstellen doppelt an verschiedenen Positionen innerhalb der Maschine
ausgeführt. So befinden sich die Thermoelemente in der Nut beispielsweise in
Nut 1 und Nut 11. Aus diesem Grund enthalten die gezeigten Temperaturverläufe teilweise mehrere gemessene Temperatur. Aufgrund unterschiedlicher
thermischer Anbindung und fertigungsbedingter Ungenauigkeiten hinsichtlich

der Positionierung der Thermoelemente ist generell mit einer Toleranz bei der Temperaturmessung von ± 5 K zu rechnen.

Abbildung 7.3 zeigt einen Vergleich der gemessenen und simulierten Temperaturen (Kurzschlussfall bei $n = 11000 \frac{U}{min}$) an allen Messstellen innerhalb der Maschine. Diese Grafik soll einen ersten Überblick über die gemessenen und berechneten Temperaturen in der Maschine liefern. In jeder Abbildung ist die Temperatur T über die Zeit t aufgetragen. Für eine genauere Analyse sollen einzelne wichtige Temperaturmessstellen im Folgenden getrennt dargestellt werden. Aufgrund der im Wickelkopf zu erwartenden Maximaltemperatur sind diese Temperaturverläufe in Abb. 7.4 vergrößert dargestellt. Da in der Maschine mehrere Thermoelemente im Wickelkopf angebracht sind, werden alle dargestellt. Innerhalb des thermischen Modells werden die Minimal- und Maximaltemperatur ausgewertet. Wie zu erkennen ist, liegen die gemessenen Temperaturen innerhalb des berechneten Bereichs und zeigen somit eine gute Übereinstimmung. Somit kann simulativ eine mögliche Schädigung der Isolation durch zu hohe Temperaturen gut vorausgesagt werden.

Im nächsten Schritt sollen die Kupfertemperaturen innerhalb der Nut betrachtet werden. Hier werden Messstellen innerhalb der Nut in der axialen Mitte der Maschine betrachtet (Anordnung der einzelnen Diagramme entsprechend der Messposition innerhalb der Nut, siehe Abb. 7.5). Da die Temperaturen in zwei unterschiedlichen Nuten gemessen werden, sind jeweils zwei gemessene Temperaturverläufe dargestellt. Es ist eine gute Übereinstimmung der Temperaturen festzustellen. Die auftretenden Temperaturunterschiede innerhalb der Nut, welche sich durch Stromverdrängung ergeben, werden gut abgebildet. Dieses Ergebnis lässt zum einen auf eine exakte Verlusteinspeisung als auch zum anderen auf eine korrekte Verlustskalierung schließen.

Die Magnettemperatur ist eine weitere wesentliche Größe. Abb. 7.6 zeigt die Magnettemperaturen an unterschiedlichen Positionen innerhalb der Maschine (A-Seite, axiale Mitte, B-Seite). Wie zu erkennen ist, wird diese generell leicht überschätzt. Dies könnte auf elektromagnetischer Seite auf zu hohe Rotorverluste deuten. Durch den verwendeten globalen Korrekturfaktor für die Eisenverluste kann beispielsweise eine ungenaue Verlustaufteilung zwischen Rotor und Stator entstehen. Auf Seite des thermischen Modells könnte eine Unterschätzung des Wärmeübergangs im Luftspalt zu einer Überschätzung der Rotortemperaturen führen. Zudem könnte eine Verbesserung der Stirnraumküh-

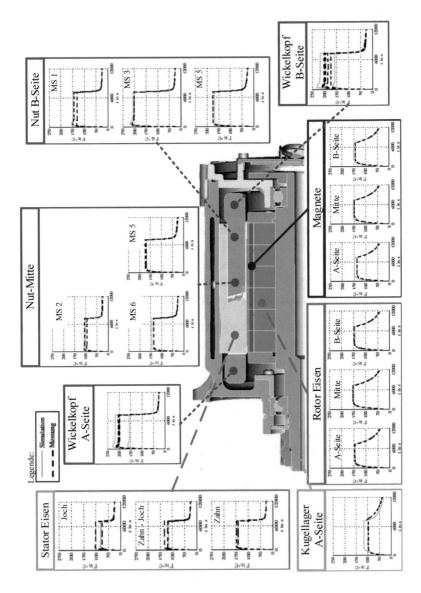

Abbildung 7.3: Vgl. Messung - Simulation im Kurzschluss bei $n = 11000\frac{\mathrm{U}}{\mathrm{min}}$ bei ausgewählten Messstellen

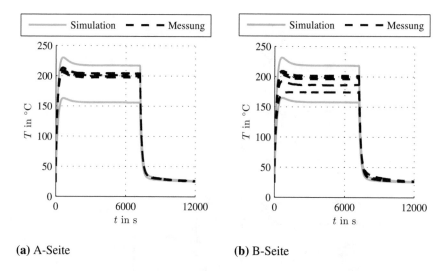

(a) A-Seite

(b) B-Seite

Abbildung 7.4: Vergleich der simulierten und gemessenen Temperaturen im Wickelkopf

lung den Stator entlasten. Insgesamt stimmen sowohl die berechneten Temperaturgradienten als auch die stationären Endtemperaturen mit der Messung sehr gut überein. Dies lässt auf eine hohe Genauigkeit der berechneten Verluste, der evaluierten Schnittstelle zwischen Elektromagnetik und Thermik (lokale Verlusteinspeisung und lokale Verlustskalierung) und des thermischen Modells schließen.

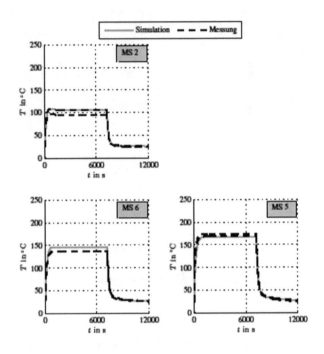

Abbildung 7.5: Vergleich der simulierten und gemessenen Temperaturen innerhalb der Nut in der axialen Mitte der Maschine

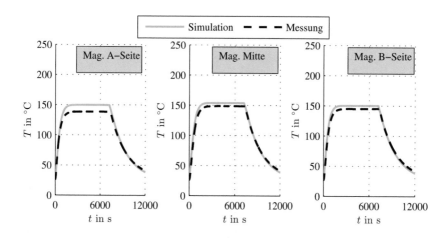

Abbildung 7.6: Vergleich der simulierten und gemessenen Temperaturen innerhalb der Magnete

8 Zusammenfassung und Ausblick

Zusammenfassung

Die vorliegende Arbeit beschäftigt sich ausführlich mit der Verlustberechnung und der resultierenden Schnittstelle zu thermischen Netzwerkmodellen bei permanentmagneterregten Synchronmaschinen, welche in Elektro- und Hybridfahrzeugen eingesetzt werden. Es wird herausgearbeitet, dass für eine genaue Ermittlung der Maschinentemperatur neben einer exakten Verlustberechnung auch eine lokale Verlusteinspeisung mit lokaler Verlustskalierung im thermischen Modell nötig ist. Die genaue Vorhersage der auftretenden Temperaturen erlaubt eine optimierte Auslegung und bessere Ausnutzung der Maschine (Bsp.: Dauerleistung oder Entmagnetisierung).

Die Arbeit liefert an dieser Stelle sowohl einen Beitrag zur Verbesserung der Verlustberechnung als auch Fortschritte bei der Weiterentwicklung der elektromagnetisch-thermischen Schnittstelle. Diesbezüglich werden die Stromwärmeverluste, die Ummagnetisierungsverluste und die Magnetverluste analysiert. Ein hoch aufgelöstes thermisches Netzwerkmodell dient als Ausgangspunkt für die Temperaturberechnung. Etwaige Anforderungen an dieses Modell werden im Rahmen der Arbeit definiert.

Hinsichtlich der auftretenden Kupferverluste werden frequenzabhängige Zusatzverluste, hervorgerufen durch den Skin- oder Proximity-Effekt, berücksichtigt. Kreisströme innerhalb paralleler Drähte, welche durch eine schlechte Lage der Drähte hervorgerufen werden und zu erheblichen Zusatzverlusten führen können, werden oft vernachlässigt. In dieser Arbeit werden die zugrundeliegenden Effekte dargestellt, deren Relevanz gezeigt und sowohl analytische als auch numerische Berechnungsvarianten vorgestellt. Hinsichtlich der Kreisströme wird ein Messverfahren vorgestellt und validiert. Mögliche Verlustzunahmen durch derartige Kreisströme werden dargestellt.

Hinsichtlich der Schnittstelle zur thermischen Simulation ist es üblich, die Kupferverluste konzentriert bzw. homogen verteilt in die Nut einzuspeisen und im Anschluss linear in Abhängigkeit von der Temperatur zu skalieren. Im Rahmen dieser Arbeit wird detailliert die Inhomogenität der Kupferverluste

© Springer Fachmedien Wiesbaden GmbH, ein Teil von Springer Nature 2019
D. Bauer, *Verlustanalyse bei elektrischen Maschinen für Elektro- und Hybridfahrzeuge zur Weiterverarbeitung in thermischen Netzwerkmodellen*, Wissenschaftliche Reihe Fahrzeugtechnik Universität Stuttgart, https://doi.org/10.1007/978-3-658-24272-5_8

innerhalb der Nut und deren Folgen für die thermische Simulation analysiert. Ein allgemeingültiges auf radialen Schichten basierendes Modell zur Verlustübergabe wird erarbeitet und validiert. Zudem wird identifiziert, dass sich die frequenzabhängigen Zusatzverluste nicht linear über die Temperatur skalieren. Durch Einführung einer erweiterten Skalierungsformel, die lokal anzuwenden ist, kann das Temperaturverhalten der Stromwärmeverluste exakt nachgebildet werden. Abgleiche mit elektromagnetisch-thermisch gekoppelten Simulationen sowie durchgeführte Messabgleiche belegen dies.

Im zweiten Abschnitt werden die Ummagnetisierungsverluste untersucht. Hier gibt es eine Vielzahl an Berechnungsmodellen und aktuellen Forschungsarbeiten. Da in dieser Arbeit speziell der Schnittkanteneinfluss sowie die Schnittstelle zur thermischen Simulation untersucht wird, wird auf das gängigste Berechnungsmodell nach Jordan (Aufteilung in Hysterese- und Wirbelstromverluste) zurückgegriffen. Es ist bekannt, dass sich das Stanzen nachteilig auf die magnetischen Eigenschaften allgemein und damit speziell auch auf die Eisenverluste auswirkt. Innerhalb dieser Arbeit wird ein praktisches und leicht umsetzbares FE-Berechnungsmodell zur Berücksichtigung des Stanzkanteneinflusses eingeführt. Dieses ist für alle elektrischen Maschinen anwendbar. Hierbei wird die geschädigte Randzone des Elektroblechs durch Materialdaten eines walzharten* Blechs definiert. Um die auftretenden Effekte zu verstehen und die Breite der geschädigten Randzone zu ermitteln, werden gemeinsam mit der Firma Voestalpine eine Reihe an Versuchen durchgeführt. Es stellt sich heraus, dass die Breite der geschädigten Zone des hier verwendeten M330-35A Blechs bei ca. 60 % der Blechdicke liegt. Zudem werden die Breiten für weitere Blechsorten beschrieben und weiteren Anwendern des Modells zur Verfügung gestellt. Für die untersuchte Maschine ergeben sich 35 % an Zusatzverlusten durch die Stanzkante. Diese Werte stimmen auch gut mit den durchgeführten Messreihen an der gesamten Maschine überein.

In gängigen Entwicklungsprozessen zur Auslegung elektrischer Maschinen wird die Eisenverlustverteilung innerhalb der thermischen Berechnung nicht oder nur bedingt berücksichtigt. Dies kann zu deutlichen Abweichungen füh-

---

*Die Bezeichnung walzhart beschreibt den Zustand des Blechs vor der Schlussglühung beim Hersteller. Es kann hierbei davon ausgegangen werden, dass das Blech zu diesem Zeitpunkt über den gesamten Bereich ähnlich geschädigt ist wie nach dem Stanzen im Stanzkantenbereich.

ren. In dieser Arbeit werden allgemeingültige Vorschriften zur lokalen Verlustübergabe beschrieben, um genaue Temperaturvorhersagen zu ermöglichen. Vier radiale Schichten im Stator, sowie zwei im Rotor stellen eine solide Basis dar.

Zudem werden dreidimensionale Verlusteffekte, wie der Einfluss von Stirnraumfeldern, in aktuellen Entwicklungsprozessen nicht berücksichtigt. Hinsichtlich des genannten Effekts liefert die vorliegende Arbeit ein mögliches Verfahren zur numerischen Berechnung. Es zeigt sich, dass durch die Feldaufweitung im Bereich des Luftspalts axial eintretende Felder Zusatzverluste im Bereich von bis zu zweistelligen Prozentangaben hervorrufen. Diese treten somit lokal nur in den Randlamellen auf. Hinsichtlich der Temperaturabhängigkeit der Eisenverluste werden auf Basis einer Literaturrecherche die wesentlichen Wirkzusammenhänge dargestellt. Tendenziell sind bei steigender Temperatur reduzierte Eisenverluste zu erwarten. In dieser Arbeit wird ein mittlerer Verlustrückgang von 10 % je 100 K Temperaturanstieg berücksichtigt.

Im nächsten Abschnitt der Arbeit werden die Wirbelstromverluste in den Permanentmagneten untersucht. Diese sind trotz ihrer allgemein geringen Quantität speziell bei statoraußengekühlten Maschinen für die thermische Rechnung von Bedeutung. Die zugrundeliegenden Wirkzusammenhänge sowie die Berechnungsgrundlagen sind aktueller Literatur entnehmbar und werden deswegen hier nur kurz beschrieben. Vertieft wird das für die thermische Berechnung wichtige lokale Erscheinungsbild der Verluste analysiert. Speziell die sich durch Schrägung der Maschine in axialer Richtung ergebende Inhomogenität der Wirbelstromverluste kann starke Auswirkungen auf die Temperaturentwicklung haben und muss deswegen berücksichtigt werden. Eine notwendige Verlustdiskretisierung in definierte, axiale Bereiche wird vorgestellt. Hinsichtlich der Temperaturabhängigkeit wird zu Beginn der Einfluss der elektrischen Leitfähigkeit erarbeitet. Unter Verwendung von in der Literatur vorhandenen Untersuchungen zur Abhängigkeit der elektrischen Leitfähigkeit von der Temperatur kann eine allgemeine Skalierungsformel hergeleitet werden, welche zukünftigen Rechnungen als Basis dient. Zur Validierung der Berechnungsergebnisse wird ein kalorimetrischer Messaufbau bei blockiertem Rotor verwendet. Durch verschiedene Magnetsegmentierungen innerhalb des Rotors ergeben sich unterschiedliche Temperaturverläufe. Auf Basis der Anfangsgradienten ist ein Rückschluss auf die zugrundeliegenden Verluste möglich. Der Abgleich zwischen FEM und Messung zeigt im Rahmen der erreichbaren Genauigkeit eine gute Übereinstimmung.

Im letzten Teil der Arbeit wird der Einfluss der durch die Leistungselektronik generierten Stromoberschwingungen auf die Verluste untersucht. Aktuell werden diese Zusatzverluste im Entwicklungsprozess nur vereinzelt und wenn auf Basis spezieller Randbedingungen betrachtet. An dieser Stelle liefert die vorliegende Arbeit einen Beitrag zur Darstellung der Auswirkung zweier wesentlicher Einflussfaktoren (Batteriespannung und Taktfrequenz). Ausgehend von einem Messabgleich werden die genannten Einflussfaktoren untersucht. Eine Erhöhung der Batteriespannung führt zu höheren Zusatzverlusten, da sich die relevanten Oberschwingungen zu größeren Frequenzen verschieben. Bei der Auslegung elektrischer Maschinen ist diesbezüglich ein guter Kompromiss aus erreichbarer Leistung (hohe Batteriespannung) und geringen Zusatzverlusten (kleine Batteriespannung) zu finden. Hinsichtlich der untersuchten Taktfrequenz ergeben sich bei höheren Taktfrequenzen sinusförmigere Ströme und somit geringere Zusatzverluste. Hohe Taktfrequenzen führen jedoch im Umrichter zu ansteigenden Schaltverlusten, so dass auch hier ein Optimum für den gesamten Antriebsstrang gefunden werden muss. Allgemein kann resümiert werden, dass diese Zusatzverluste speziell im zyklusrelevanten Bereich, das heißt bei kleinen und mittleren Drehzahlen bzw. Drehmomenten, von erhöhter Bedeutung sind.

Ausblick

Wie beschrieben liefert die vorliegende Arbeit einen Beitrag zum Verständnis aller in einer elektrischen Maschine für Elektro- und Hybridfahrzeuge auftretenden Verlusteffekte und deren Auswirkungen auf die resultierende Temperaturentwicklung. Durch die Übernahme der gezeigten Methoden in die Entwicklungslandschaft können die Maschinen besser in Richtung minimaler Verluste bzw. geringerer Temperaturen optimiert werden. Um derartige Optimierungen adäquat realisieren zu können, sind schnelle Rechenmodelle von hoher Bedeutung. An dieser Stelle sind daher dreidimensionale FEM-Modelle, wie sie teilweise in dieser Arbeit verwendet werden, nicht zielführend. Nachfolgende Arbeiten könnten sich dementsprechend mit analytischen Modellen, z.B. zur

Berechnung der Wirbelstromverluste in Permanentmagneten oder zur Berechnung der Eisenverluste durch axiale Streufelder im Stirnraum, widmen.

Hinsichtlich der Eisenverlustberechnung ergibt sich immer noch ein großer Anteil durch globale Korrekturfaktoren. Die in der Realität vorhandene lokale Verlustverteilung wird somit an dieser Stelle nicht korrekt berücksichtigt. Dies hat wiederum negative Auswirkungen auf die Temperaturvorhersagen. Beispielhaft sei an dieser Stelle der übliche Einpressvorgang des Stators in das Gehäuse, das Paketieren der Lamellen, sowie die Belastung durch Magnetkräfte genannt. All diese Vorgänge führen zu lokal erhöhten Eisenverlusten. Zukünftige Arbeiten könnten an dieser Stelle mit entsprechenden Berechnungsmodellen zu einer wesentlichen Verbesserung der Eisenverlustvorhersage beitragen, da der Übertrag von Korrekturfaktoren über verschiedene Maschinen nur schwer möglich ist. Zudem könnte, aufbauend auf dieser Arbeit, der Einfluss von Stromoberschwingungen auf die Verluste tiefergehend untersucht werden. Hierbei kann beispielhaft der Skin-Effekt im Elektroblech genannt werden.

Literaturverzeichnis

[1] BAEHR, H. D. ; STEPHAN, K.: *Waerme- und Stoffuebertragung*. Springer Vieweg, 2013

[2] BALI, Madeleine ; DE GERSEM, Herbert ; MUETZE, Annette: Finite-element modeling of magnetic material degradation due to punching. In: *IEEE Transactions on Magnetics* 50 (2014), Nr. 2, S. 745–748

[3] BARIŠA, Tin ; SUMINA, Damir ; KUTIJA, Martina: Comparison of maximum torque per ampere and loss minimization control for the interior permanent magnet synchronous generator. In: *Electrical Drives and Power Electronics (EDPE), 2015 International Conference on* IEEE (Veranst.), 2015, S. 497–502

[4] BAUER, D. ; KUEHBACHER, D. ; REUSS, H. C. ; NOLLE, E.: Einfluss der Stromverdrängung auf das thermische Verhalten bei elektrischen Maschinen. In: *Kleinmaschinenkolloquium Ilmenau* (2015)

[5] BAUER, D. ; KUEHBACHER, D. ; REUSS, H. C. ; NOLLE, E.: *Stromverdraengung bei elektrischen Maschinen: Relevante Verlusteffekte und Auswirkungen auf das thermische Verhalten*. Haus der Technik Tagung: Elektrische Antriebstechnologie für Elektro- und Hybridfahrzeuge. September 2017

[6] BAUER, D. ; REUSS, H. C. ; NOLLE, E.: *Analysis of Magnet Segmentation for an Electrical Machine used in Hybrid-Cars and Comparison with Calorimetric Measurement*. JMAG User Conference, Tokyo (Japan). Dezember 2013

[7] BAUER, D. ; REUSS, H. C. ; NOLLE, E.: *Investigation of Proximity Losses in a Permanent Magnet Synchronous Machine for Electric Vehicles*. JMAG User Conference, Frankfurt (Germany). April 2013

[8] BAUER, D. ; REUSS, H. C. ; NOLLE, E.: Einfluss von Stromverdrängung bei elektrischen Maschinen für Hybrid-und Elektrofahrzeuge. In: *Universität Stuttgart* (2014)

© Springer Fachmedien Wiesbaden GmbH, ein Teil von Springer Nature 2019
D. Bauer, *Verlustanalyse bei elektrischen Maschinen für Elektro- und Hybridfahrzeuge zur Weiterverarbeitung in thermischen Netzwerkmodellen*, Wissenschaftliche Reihe Fahrzeugtechnik Universität Stuttgart, https://doi.org/10.1007/978-3-658-24272-5

[9] BAUER, D. ; REUSS, H. C. ; NOLLE, E.: *Einfluss von Stromverdrängung bei elektrischen Maschinen für Hybrid- und Elektrofahrzeugen.* E-Motive: 7. Expertenforum Elektrische Fahrzeugantriebe. Juni 2015

[10] BAUER, David ; MAMUSCHKIN, Paul ; REUSS, Hans-Christian ; NOLLE, Eugen: Influence of parallel wire placement on the AC copper losses in electrical machines. In: *2015 IEEE International Electric Machines & Drives Conference (IEMDC)* IEEE (Veranst.), 2015, S. 1247–1253

[11] BECKER, K. M. ; KAYE, J.: Measurements of Diabatic Flow in an Annulus With an Inner Rotating Cylinder. In: *Journal of Heat Transfer* (1962)

[12] BECKERT, U: Berechnung zweidimensionaler Wirbelströme in kurzen Permanentmagneten von PM-Synchronmaschinen. In: *antriebstechnik* 46 (2007), S. 44–48

[13] BERTOTTI, G: Physical interpretation of eddy current losses in ferromagnetic materials. II. Analysis of experimental results. In: *Journal of applied physics* 57 (1985), Nr. 6, S. 2118–2126

[14] BERTOTTI, G ; DI SCHINO, G ; MILONE, A F. ; FIORILLO, F: On the effect of grain size on magnetic losses of 3% non-oriented SiFe. In: *Le Journal de Physique Colloques* 46 (1985), Nr. C6, S. C6–385

[15] BERTOTTI, Giorgio: Physical interpretation of eddy current losses in ferromagnetic materials. I. Theoretical considerations. In: *Journal of applied Physics* 57 (1985), Nr. 6, S. 2110–2117

[16] BINDER, Andreas: *Elektrische Maschinen und Antriebe.* Springer, 2012

[17] BOGLIETTI, A. ; CAVAGNINO, A. ; STATON, D.: Determination of Critical Parameters in Electrical Machine Thermal Models. In: *Industry Applications, IEEE Transactions on* 44 (2008), July, Nr. 4, S. 1150–1159. – ISSN 0093-9994

[18] BOGLIETTI, A. ; CAVAGNINO, A. ; STATON, D. ; SHANEL, Martin ; MUELLER, M. ; MEJUTO, C.: Evolution and Modern Approaches for

Thermal Analysis of Electrical Machines. In: *Industrial Electronics, IEEE Transactions on* 56 (2009), March, Nr. 3, S. 871–882. – ISSN 0278-0046

[19] BOGLIETTI, Aldo ; CAVAGNINO, Andrea ; LAZZARI, Mario ; PASTO-RELLI, Michele: A simplified thermal model for variable-speed self-cooled industrial induction motor. In: *IEEE Transactions on Industry Applications* 39 (2003), Nr. 4, S. 945–952

[20] BOLDEA, Ion: *The induction machines design handbook.* CRC press, 2009

[21] CAMPILLO-LUNDBECK, Santiago: *Tesla: Wie die Elektroauto-Marke „Wahnsinn" zu ihrem USP macht.* In: Horizont. 29.01.2015. – URL http://www.horizont.net/marketing/nachrichten/Tesla-Wie-die-Elektroauto-Marke-Wahnsinn-zu-ihrem-USP-macht-132555. – [Online; abgerufen am 23.02.2016]

[22] CARSTENSEN, Christian: *Eddy currents in windings of switched reluctance machines*, RWTH Aachen, Dissertation, 2007

[23] CHIN, Y. ; STATON, D: Transient Thermal Analysis using both Lumped-Circuit Approach and Finite Element Method of a Permanent Magnet Traction Motor. In: *IEEE Africon* (2004)

[24] CHIN, YK ; STATON, DA: Transient thermal analysis using both lumped-circuit approach and finite element method of a permanent magnet traction motor. In: *AFRICON, 2004. 7th AFRICON Conference in Africa* Bd. 2 IEEE (Veranst.), 2004, S. 1027–1035

[25] CHO, Gyu-Won ; KIM, Dong-Yeong ; KIM, Gyu-Tak: The iron loss estimation of IPMSM according to current phase angle. In: *Journal of Electrical Engineering and Technology* 8 (2013), Nr. 6, S. 1345–1351

[26] CONSTANTINESCU-SIMON, Liviu: *Handbuch Elektrische Energietechnik: Grundlagen· Anwendungen.* Springer-Verlag, 2013

[27] DEEB, Ramia: Calculation of eddy current losses in permanent magnets of servo motor. (2011)

[28] DOWELL, PL: Effects of eddy currents in transformer windings. In:
     Electrical Engineers, Proceedings of the Institution of 113 (1966), Nr. 8,
     S. 1387–1394

[29] DPA - AFX WIRTSCHAFTSNACHRICHTEN: *Tesla Model S mit 100
     kWh-Batterie - Teslas Kampfansage: Diesen Wert müssen Porsche
     und Ferrari jetzt unterbieten.* In: FOCUS Online. August 2016.
     –   URL http://www.focus.de/auto/elektroauto/tesla-
     model-s-mit-100-kwh-batterie-teslas-kampfansage-
     diesen-wert-muessen-porsche-und-ferrari-jetzt-
     unterbieten_id_5855715.html. –   [Online; abgerufen am
     14.10.2016]

[30] EGGERS, D. ; STEENTJES, S. ; HAMEYER, K.: Advanced Iron-Loss
     Estimation for Nonlinear Material Behavior. In: *IEEE Transactions on
     Magnetics*, 2012

[31] ENDERT, Fabian ; HEIDRICH, Tobias ; SCHWALBE, Ulf ; SZALAI, Tho-
     mas ; IVANOV, Svetlozar D.: Effects of current displacement in a
     PMSM traction drive with single turn coils. In: *Electric Machines &
     Drives Conference (IEMDC), 2013 IEEE International* IEEE (Veranst.),
     2013, S. 160–165

[32] ETH, Zürich: *Elektro-Rennwagen   bricht   Weltrekord: In
     1,513 Sekunden von Null auf Hundert.*   Juni 2016. –   URL
     https://www.ethz.ch/de/news-und-veranstaltungen/eth-
     news/news/2016/06/grimsel-bricht-weltrekord.html

[33] FANG, J. ; LIU, X. ; HAN, B. ; WANG, K.: Analysis of Circulating
     Current Loss for High Speed Permanent Magnet Motor. In: *Magnetics,
     IEEE Transactions on* PP (2014), Nr. 99, S. 1–1. – ISSN 0018-9464

[34] FIORILLO, Fausto ; NOVIKOV, Alexander: An improved approach to
     power losses in magnetic laminations under nonsinusoidal induction wa-
     veform. In: *IEEE Transactions on Magnetics* 26 (1990), Nr. 5, S. 2904–
     2910

[35] FUJISAKI, Keisuke ; SATOH, Shouji: Numerical calculations of electromagnetic fields in silicon steel under mechanical stress. In: *IEEE transactions on magnetics* 40 (2004), Nr. 4, S. 1820–1825

[36] FUNIERU, B ; BINDER, A: Simulation of electrical machines end effects with reduced length 3D FEM models. In: *Electrical Machines (ICEM), 2012 XXth International Conference on* IEEE (Veranst.), 2012, S. 1430–1436

[37] GALLERT, Brian ; CHOI, Gilsu ; LEE, Kibok ; JING, Xin ; SON, Yochan: Maximum efficiency control strategy of PM traction machine drives in GM hybrid and electric vehicles. In: *Energy Conversion Congress and Exposition (ECCE), 2017 IEEE* IEEE (Veranst.), 2017, S. 566–571

[38] GEEST, M. van der ; POLINDER, H. ; FERREIRA, J.A.: Influence of PWM switching frequency on the losses in PM machines. In: *Electrical Machines (ICEM), 2014 International Conference on*, Sept 2014, S. 1243–1247

[39] GEEST, M. van der ; POLINDER, H. ; FERREIRA, J.A. ; ZEILSTRA, D.: Stator winding proximity loss reduction techniques in high speed electrical machines. In: *Electric Machines Drives Conference (IEMDC), 2013 IEEE International*, May 2013, S. 340–346

[40] GEEST, Martin van der ; POLINDER, Henk ; FERREIRA, Jan A.: Computationally efficient 3D FEM rotor eddy-current loss calculation for permanent magnet synchronous machines. In: *2015 IEEE International Electric Machines & Drives Conference (IEMDC)* IEEE (Veranst.), 2015, S. 1165–1169

[41] GEEST, Martin van der ; POLINDER, Henk ; FERREIRA, Jan A. ; ZEILSTRA, Dennis: Current sharing analysis of parallel strands in low-voltage high-speed machines. In: *Industrial Electronics, IEEE Transactions on* 61 (2014), Nr. 6, S. 3064–3070

[42] GERLING, Dieter ; DAJAKU, Gurakuq: Novel lumped-parameter thermal model for electrical systems. In: *Power Electronics and Applications, 2005 European Conference on* IEEE (Veranst.), 2005, S. 10–pp

[43] GIERAS, Jacek F.: *Permanent magnet motor technology: design and applications*. CRC press, 2002

[44] GMYREK, Zbigniew ; CAVAGNINO, Andrea ; FERRARIS, Luca: Estimation of magnetic properties and damaged area width due to punching process: Modeling and experimental research. In: *Electrical Machines (ICEM), 2012 XXth International Conference on* IEEE (Veranst.), 2012, S. 1301–1308

[45] GONZALEZ, Delvis A. ; SABAN, Daniel M.: Study of the copper losses in a high-speed permanent-magnet machine with form-wound windings. In: *IEEE Transactions on Industrial Electronics* 61 (2014), Nr. 6, S. 3038–3045

[46] GRADSHTEYN, IS ; RYZHIK, IM ; JEFFREY, A: Table of Integrals, Series and Products 5th edn (New York: Academic). (1994), S. 634

[47] GUEMO, Gilles G. ; CHANTRENNE, Patrice ; JAC, Julien: Application of classic and T lumped parameter thermal models for Permanent Magnet Synchronous Machines. In: *Electric Machines & Drives Conference (IEMDC), 2013 IEEE International* IEEE (Veranst.), 2013, S. 809–815

[48] GUEMO, Gilles G. ; CHANTRENNE, Patrice ; JAC, Julien: Parameter identification of a lumped parameter thermal model for a permanent magnet synchronous machine. In: *Electric Machines & Drives Conference (IEMDC), 2013 IEEE International* IEEE (Veranst.), 2013, S. 1316–1320

[49] HAECKER, M. ; PARSPOUR, N. ; KELLER, M. ; KUEHBACHER, D.: *Anwendung Inverser Methoden zur Parameteridentifikation auf thermische Netzwerkmodelle elektrischer Maschinen*, Universität Stuttgart, Diplomarbeit, 2016

[50] HAHLBECK, S. ; GERLING, D.: Impact of slot geometry and rotor position on AC armature losses of Interior PM Synchronous Machines. In: *International Conference on Electrical Machines 2010* (2010)

[51] HARDER, Sören: *Wer fährt eigentlich auf E ab?* In Spiegel Online. 2015

[52] HASSAN, Waleed ; WANG, Bingsen: Efficiency optimization of PMSM based drive system. In: *Power Electronics and Motion Control Conference (IPEMC), 2012 7th International* Bd. 2 IEEE (Veranst.), 2012, S. 1027–1033

[53] HAYASE, T. ; HUMPHREY, J. A. C. ; GREIF, R.: Numerical Calculation of Convective Heat Transfer Between Rotating Coaxial Cylinders With Periodically Embedded Cavities. In: *Journal of Heat Transfer* 114/589 (1992)

[54] HÄMÄLÄINEN, Henry ; PYRHÏÄNEN, Juha ; NERG, Janne: AC Resistance Factor in One-Layer Form-Wound Winding Used in Rotating Electrical Machines. In: *IEEE Transactions on Magnetics* 49 (2013)

[55] IDOUGHI, L. ; MININGER, X. ; BOUILLAULT, F. ; BERNARD, L. ; HOANG, E.: Thermal model with winding homogenization and fit discretization for stator slot. In: *IEEE Transactions on Magnetics* 47 (2011), S. 4822–4826

[56] INCROPERA, F. P. ; DEWITT, D. P. ; SONS, John Wiley (Hrsg.): *Fundamentals of Heat and Mass Transfer.* 2002

[57] IWASAKI, S ; DEODHAR, Rajesh P. ; LIU, Yong ; PRIDE, Adam ; ZHU, ZQ ; BREMNER, Jonathan J.: Influence of PWM on the proximity loss in permanent-magnet brushless AC machines. In: *Industry Applications, IEEE Transactions on* 45 (2009), Nr. 4, S. 1359–1367

[58] JAMALI, Jan: End effect in linear induction and rotating electrical machines. In: *IEEE Transactions on Energy Conversion* 18 (2003), Nr. 3, S. 440–447

[59] JORDAN, H.: Die ferromagnetischen Konstanten für schwache Wechselfelder. In: *Elektrische Nachrichtentechnik, vol. 1*, 1924

[60] KAKHKI, M T. ; CROS, J ; VIAROUGE, P ; BERGERON, M: An analytical approach for fast estimation of PWM harmonic losses in the stator of a concentrated winding permanent magnet machine. In: *2015 IEEE International Electric Machines & Drives Conference (IEMDC)* IEEE (Veranst.), 2015, S. 79–83

[61] KÖHRING, Pierre: *Beitrag zur Berechnung der Stromverdrängung in Niederspannungsasynchronmaschinen mit Kurzschlussläufern mittlerer bis groÃ?er Leistung*, Technische Universität Bergakademie Freiberg, Dissertation, 2009

[62] KLEINMANN, M. ; THOMAS, B. ; KUEHBACHER, D.: *Anwendung inverser Methoden zur Parameterschätzung auf thermische Netzwerkmodelle elektrischer Maschinen*, Hochschule Reutlingen, Diplomarbeit, 2013

[63] KLONTZ, K. W. ; LI, H.: Reducing Core Loss of Segmented Laminations. In: *SMMA Fall Technical Conference*

[64] KLÖTZL, J ; PYC, M ; GERLING, D: Permanent magnet loss reduction in PM-machines using analytical and FEM calculation. In: *Proceedings of the International Symposium Power Electronics Electrical Drives Automation and Motion (SPEEDAM), Pisa, Italy*, 2010, S. 14–16

[65] KOCH, Dr. G.: Stromverdrängung der Ständerwicklung von Drehstrom-Asynchronmotoren. In: *Elektrie 46* (1992), S. 433–436

[66] KRINGS, A.: *Iron Losses in Electrical Machines - Influence of Material Properties, Manufacturing Processes, and Inverter Operation*, KTH Electrical Engineering Stockholm, Dissertation, 2014

[67] KRINGS, A. ; SOULARD, J.: Overview and Comparison of Iron Loss Models for Electrical Machines. In: *Ecologic Vehicles - Renewable Energies*, 2010

[68] KUEHBACHER, D.: *Thermisches Modell einer elektrischen Maschine basierend auf der Anwendung inverser Methoden*, Universität der Bundeswehr München, Dissertation, 2018

[69] KUEHBACHER, Daniel ; KELLETER, Arndt ; GERLING, Dieter: An improved approach for transient thermal modeling using lumped parameter networks. In: *Electric Machines & Drives Conference (IEMDC), 2013 IEEE International* IEEE (Veranst.), 2013, S. 824–831

[70] LEE, Sang-Yub ; JUNG, Hyun-Kyo: Eddy current loss analysis in the rotor of permanent magnet traction motor with high power density. In: *2012 IEEE Vehicle Power and Propulsion Conference* IEEE (Veranst.), 2012, S. 210–214

[71] LINDSTRÖM, J: Thermal model of a permanent-magnet motor for a hybrid electric vehicle. In: *Licentiate thesis, Chalmers University of Technology, Göteborg, Sweden* (1999)

[72] LU, Tong: *Weiterentwicklung von hochtourigen permanenterregten Drehstromantrieben mit Hilfe von Finite-Elemente-Berechnungen und experimentellen Untersuchungen*, Technische Universität Darmstadt, Dissertation, 2004

[73] MASMEIER, P. ; HERRANZ GRACIA, M.: *Berücksichtigung des Schnitt-kanteneffekts in der Verlustberechnung eines Synchronmotors als Lenk-hilfeantrieb*, RWTH Aachen, Diplomarbeit, 2008

[74] MCLYMAN, Colonel Wm T.: *Transformer and inductor design hand-book*. CRC press, 2016

[75] MEINERS, Jens: *Wie der Tesla langsam entzaubert wird.* In: Die WELT. 27.03.2015. – URL http://www.welt.de/motor/article138845413/Wie-der-Tesla-langsam-entzaubert-wird.html. – [Online; abgerufen am 21.02.2016]

[76] MELLOR, PH ; ROBERTS, D ; TURNER, DR: Lumped parameter thermal model for electrical machines of TEFC design. In: *IEE Proceedings B-Electric Power Applications* Bd. 138 IET (Veranst.), 1991, S. 205–218

[77] MELLOR, Phil ; WROBEL, Rafal ; MLOT, Adrian ; HORSEMAN, Tony ; STATON, Dave: Influence of winding design on losses in brushless AC IPM propulsion motors. In: *Energy Conversion Congress and Expositi-on (ECCE), 2011 IEEE* IEEE (Veranst.), 2011, S. 2782–2789

[78] MELLOR, Phil ; WROBEL, Rafal ; SIMPSON, Nick: AC losses in high frequency electrical machine windings formed from large section con-ductors. In: *2014 IEEE Energy Conversion Congress and Exposition (ECCE)* IEEE (Veranst.), 2014, S. 5563–5570

[79] MELLOR, Phil H. ; WROBEL, Rafal ; MCNEILL, Neville: Investigation of proximity losses in a high speed brushless permanent magnet motor. In: *Industry Applications Conference, 2006. 41st IAS Annual Meeting. Conference Record of the 2006 IEEE* Bd. 3 IEEE (Veranst.), 2006, S. 1514–1518

[80] MEYER, Erwin: *Die Eisenverluste in elektrischen Maschinen*, ETH Zürich, Dissertation, 1932

[81] MILLER, TJE: *SPEED's Electric Motors - An outline of some of the theory in the SPEED software for electric machine design.* 2008

[82] MILTON, Graeme W.: Bounds on the transport and optical properties of a two-component composite material. In: *Journal of Applied Physics* 52 (1981), Nr. 8, S. 5294–5304

[83] MIRZAEI, M ; BINDER, A ; DEAK, C: 3D analysis of circumferential and axial segmentation effect on magnet eddy current losses in permanent magnet synchronous machines with concentrated windings. In: *Electrical Machines (ICEM), 2010 XIX International Conference on* IEEE (Veranst.), 2010, S. 1–6

[84] MIYAMA, Yoshihiro ; HAZEYAMA, Moriyuki ; HANIOKA, Shota ; WATANABE, Norihiro ; DAIKOKU, Akihiro ; INOUE, Masaya: PWM carrier harmonic iron loss reduction technique of permanent magnet motors for electric vehicles. In: *2015 IEEE International Electric Machines & Drives Conference (IEMDC)* IEEE (Veranst.), 2015, S. 475–481

[85] MÜLLER, Germar ; VOGT, Karl ; PONICK, Bernd: *Berechnung elektrischer Maschinen.* John Wiley & Sons, 2012

[86] MORISHITA, Masayuki ; TAKAHASHI, Norio ; MIYAGI, Daisuke ; NAKANO, Masanori: Examination of magnetic properties of several magnetic materials at high temperature. In: *Przeglad Elektrotechniczny (Electrical Review)* 87 (2011), Nr. 9b, S. 106–110

[87] MYNAREK, Piotr ; KOWOL, Marcin u. a.: Thermal analysis of a pm sm using fea and lumped parameter modeling. In: *Czasopismo Techniczne* 2015 (2015), Nr. Elektrotechnika Zeszyt 1-E (8) 2015, S. 97–107

[88] NATEGH, Shafigh: *Thermal analysis and management of high-performance electrical machines*, KTH School of Electrical Engineering, Dissertation, 2013

[89] NOLLE, E. ; NEUBERGER, N. ; KUJAT, D. ; KUVAIEV, M.: Trennung der mechanischen Verluste und der Eisenverluste bei permanenterregten Synchronmaschinen. In: *Spektrum (Hochschule Esslingen)* (2011)

[90] NOLLE E.; BLUM GMBH, VAIHINGEN/ENZ (ENZWEIHINGEN): *Interner technischer Bericht: Messungen an giängigen Norm-Elektroblechen Mxxx-50A*. 1991

[91] NOLLE E.; BLUM GMBH, VAIHINGEN/ENZ (ENZWEIHINGEN): *Interner technischer Bericht*. 10 1998

[92] POPESCU, Mircea ; STATON, Dave ; DORRELL, David ; MARIGNETTI, F ; HAWKINS, D: Study of the thermal aspects in brushless permanent magnet machines performance. In: *Electrical Machines Design Control and Diagnosis (WEMDCD), 2013 IEEE Workshop on* IEEE (Veranst.), 2013, S. 60–69

[93] PROBST, Uwe: *Leistungselektronik für Bachelors: Grundlagen und praktische Anwendungen*. Hanser Verlag

[94] PRY, RH ; BEAN, CP: Calculation of the energy loss in magnetic sheet materials using a domain model. In: *Journal of Applied Physics* 29 (1958), Nr. 3, S. 532–533

[95] QI, F ; SCHENK, M ; DE DONCKER, RW: Discussing details of lumped parameter thermal modeling in electrical machines. In: *Power Electronics, Machines and Drives (PEMD 2014), 7th IET International Conference on* IET (Veranst.), 2014, S. 1–6

[96] QI, Fang ; STIPPICH, Alexander ; GUETTLER, Moritz ; NEUBERT, Markus ; DE DONCKER, Rik W.: Methodical considerations for setting up space-resolved lumped-parameter thermal models for electrical machines. In: *Electrical Machines and Systems (ICEMS), 2014 17th International Conference on*, Oct 2014, S. 651–657

[97] RAHMAN, T. ; AKIROR, J. C. ; PILLAY, P. ; LOWTHER, D. A.: Comparison of Iron Loss Prediction Formulae. In: *Compumag Conference 2013*

[98] REDDY, Patel B. ; JAHNS, TM: Analysis of bundle losses in high speed machines. In: *Power Electronics Conference (IPEC), 2010 International* IEEE (Veranst.), 2010, S. 2181–2188

[99] REDDY, Patel B. ; JAHNS, TM ; EL-REFAIE, Ayman M.: Impact of winding layer number and slot/pole combination on AC armature losses of synchronous surface PM machines designed for wide constant-power speed range operation. In: *Industry Applications Society Annual Meeting, 2008. IAS'08. IEEE* IEEE (Veranst.), 2008, S. 1–8

[100] RICHTER, Rudolf: *Elektrische Maschinen: Erster Band: Allgemeine Berechnungselemente, Die Gleichstrommaschine.* Springer Basel AG, 1967

[101] ROBERT BOSCH GMBH: *Interner Messabgleich.* 2015

[102] ROBERT BOSCH GMBH: *Interne Firmenunterlagen.* 2016

[103] RUOHO, Sami ; HAAVISTO, Minna ; TAKALA, Eelis ; SANTA-NOKKI, Timo ; PAJU, Martti: Temperature dependence of resistivity of sintered rare-earth permanent-magnet materials. In: *IEEE Transactions on Magnetics* 46 (2010), Nr. 1, S. 15

[104] SCHOPPA, Andreas P.: *Einfluss der Be-und Verarbeitung auf die magnetischen Eigenschaften von schlussgeglühtem, nichtkornorientiertem Elektroband*, RWTH Aachen, Dissertation, 2001

[105] SCHRÖDER, Dierk: *Leistungselektronische Schaltungen: Funktion, Auslegung und Anwendung.* Springer-Verlag, 2008

[106] SCHRÖDER, Dierk u. a.: *Elektrische Antriebe-Regelung von Antriebssystemen.* Bd. 2. Springer, 2009

[107] SCHÜTZHOLD, Jörg ; HOFMANN, Wilfried: Analysis of the temperature dependence of losses in electrical machines. In: *2013 IEEE Energy Conversion Congress and Exposition* IEEE (Veranst.), 2013, S. 3159–3165

[108] SEINSCH, Hans O.: *Oberfelderscheinungen in Drehfeldmaschinen.* Teubner Stuttgart, 1992

[109] SEINSCH, Hans O.: *Grundlagen elektrischer Maschinen und Antriebe.* Springer, 1993

[110] SINGH, Deepak ; BELAHCEN, Anouar ; ARKKIO, Antero: Effect of Manufacturing on Stator Core Losses.

[111] STATON, DA: Thermal computer aided design-advancing the revolution in compact motors. In: *Electric Machines and Drives Conference, 2001. IEMDC 2001. IEEE International* IEEE (Veranst.), 2001, S. 858–863

[112] STATON, Dave ; BOGLIETTI, Aldo ; CAVAGNINO, Andrea: Solving the more difficult aspects of electric motor thermal analysis in small and medium size industrial induction motors. In: *Energy conversion, ieee transactions on* 20 (2005), Nr. 3, S. 620–628

[113] STEINMETZ, C.: On the law of hysteresis (originally published 1892). In: *Proceedings of the IEEE, vol. 72, no. 2,* 1984

[114] TEIGELKÖTTER, J.: *Energieeffiziente elektrische Antriebe - Grundlagen, Leistungselektronik, Betriebsverhalten und Regelung von Drehstrommotoren.* Springer, 2013

[115] THUL, Andreas ; RUF, Andreas ; FRANCK, David ; HAMEYER, Kay: Wirkungsgradoptimierung von permanenterregten Antriebssystemen mittels verlustminimierender Steuerverfahren. In: *VDI-Berichte 2268: Antriebssysteme 2015* (2015)

[116] VACUUMSCHMELZE: *Datenblatt: VACODYM 872 AP.* 2015. – URL http://www.vacuumschmelze.de/de/produkte/dauermagnete-systeme/dauermagnete/nd-fe-b/vacodym/vacodym-872-ap.html. – [Online; abgerufen am 10.07.2016]

[117] VANDENBOSSCHE, Lode ; JACOBS, Sigrid ; JANNOT, Xavier ; MC-CLELLAND, Mike ; SAINT-MICHEL, Jacques ; ATTRAZIC, Emmanuel: Iron loss modelling which includes the impact of punching, applied to high-efficiency induction machines. In: *Electric Drives Production Conference (EDPC), 2013 3rd International* IEEE (Veranst.), 2013, S. 1–10

[118] VENKATRAMAN, P. S.: Winding Eddy Current Losses in Switch Mode Power Transformers due to Rectangular Wave Currents. In: *Proceedings Powercon* (1984)

[119] VIEHMANN, Sebastian ; MARKERT, Oliver: *Tesla Model S P85D mit Insane Modus- Elektro-Wahnsinn auf Knopfdruck: Teslas Lamborghini-Killer mit 700 PS.* In: FOCUS Online. 02.03.2015. – URL http://www.focus.de/auto/elektroauto/tesla-model-s-p85d-mit-insane-modus-elektro-wahnsinn-auf-knopfdruck-teslas-lamborghini-killer-mit-700-ps_id_4506008.html. – [Online; abgerufen am 21.02.2016]

[120] VOESTALPINE STEEL DIVISON: *isovac 330-35 A HS data sheet.* www.voestalpine.com

[121] VOESTALPINE STEEL DIVISON: ISOVAC YOUR ASPIRATIONS: Erhöhen Sie Ihre Ansprüche - mit dem innovativen Elektroband für die Hausgeräte- und Elektroindustrie.

[122] WIESE, Melanie-Konstanze ; TROMMER, Stefan: *DLR (Institut für Verkehrsforschung) wertet größte und umfangreichste Studie über Erstnutzer von Elektroautos aus.* 2015. – URL http://www.dlr.de/dlr/desktopdefault.aspx/tabid-10081/151_read-13726/

[123] WROBEL, R ; MELLOR, PH: A general cuboidal element for three-dimensional thermal modelling. In: *IEEE Transactions on magnetics* 46 (2010), Nr. 8, S. 3197–3200

[124] WROBEL, R ; MLOT, A ; MELLOR, PH: Investigation of end-winding proximity losses in electromagnetic devices. In: *Electrical Machines (ICEM), 2010 XIX International Conference on* IEEE (Veranst.), 2010, S. 1–6

[125] WROBEL, Rafal ; GRIFFO, Antonio ; MELLOR, Phil H.: Scaling of AC copper loss in thermal modeling of electrical machines. In: *Electrical Machines (ICEM), 2012 XXth International Conference on* IEEE (Veranst.), 2012, S. 1424–1429

[126] WROBEL, Rafal ; MLOT, Adrian ; MELLOR, Phil H.: Contribution of end-winding proximity losses to temperature variation in electromagnetic devices. In: *Industrial Electronics, IEEE Transactions on* 59 (2012), Nr. 2, S. 848–857

[127] WROBEL, Rafal ; SALT, Daniel ; GRIFFO, Antonio ; SIMPSON, Nick ; MELLOR, Phil: Derivation and scaling of AC copper loss in thermal modeling of electrical machines. In: *IEEE Transactions on Industrial Electronics* 61 (2014), Nr. 8

[128] YAMAZAKI, K. ; ATSUSHI, A.: Loss Analysis of Interior Permanent Magnet Motors Considering Carrier Harmonics and Magnet Eddy Currents Using 3-D FEM, 2007

[129] YAMAZAKI, Katsumi ; FUKUSHIMA, Yu: Effect of eddy-current loss reduction by magnet segmentation in synchronous motors with concentrated windings. In: *IEEE Transactions on Industry Applications* 47 (2011), Nr. 2, S. 779–788

[130] YAMAZAKI, Katsumi ; FUKUSHIMA, Yu ; SATO, Makoto: Loss analysis of permanent magnet motors with concentrated windings-variation of magnet eddy current loss due to stator and rotor shapes. In: *Industry Applications Society Annual Meeting, 2008. IAS'08. IEEE* IEEE (Veranst.), 2008, S. 1–8

[131] ZHANG, Peng ; SIZOV, Gennadi Y. ; HE, Jiangbiao ; IONEL, Dan M. ; DEMERDASH, Nabeel A.: Calculation of magnet losses in concentrated-winding permanent-magnet synchronous machines using a computationally efficient finite-element method. In: *IEEE Transactions on Industry Applications* 49 (2013), Nr. 6, S. 2524–2532

Anhang

A.1 Beispiel eines thermischen Netzwerks im Axialschnitt

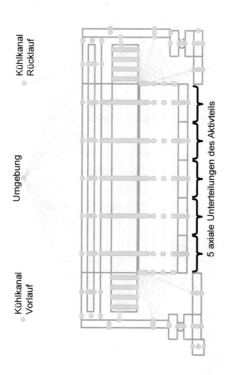

Abbildung A1.1: Thermisches Netzwerk der untersuchten Maschine mit einer beispielhaft gewählten Diskretisierung in axialer Richtung. Zur besseren Darstellung gedreht abgebildet.

© Springer Fachmedien Wiesbaden GmbH, ein Teil von Springer Nature 2019
D. Bauer, *Verlustanalyse bei elektrischen Maschinen für Elektro- und Hybridfahrzeuge zur Weiterverarbeitung in thermischen Netzwerkmodellen*, Wissenschaftliche Reihe Fahrzeugtechnik Universität Stuttgart, https://doi.org/10.1007/978-3-658-24272-5

A.2 Vereinfachtes FE-Stromverdrängungsmodell

Zur schnellen Analyse bzw. Berechnung der Kupferverluste unter Berücksichtigung von Stromverdrängungseffekten bietet sich ein einfaches Nutmodell an. Hierbei wird der Einfluss durch sonstige Felder, wie beispielsweise durch die Magnete, vernachlässigt. Es werden Vergleichsrechnungen bei zwei Betriebspunkten durchgeführt, um die mögliche Abweichung zu beziffern:

- BP A: $n = 12000 \frac{U}{min}$, $M = 36$ Nm
- BP B: $n = 5600 \frac{U}{min}$, $M = 80$ Nm

Abb. A2.1 zeigt das Voll- und Einfachmodell im Vergleich, während Tabelle A2.1 die Berechnungsergebnisse zeigt. Es ist zu erkennen, dass durch die fehlende Berücksichtigung des Rotors die Verluste des Einfachmodells etwas zu gering ausfallen. Da die gezeigten Werte jedoch nur den Kupferverlusten im Aktivteil entsprechen, ist die Abweichung für die gesamte Maschine noch geringer. Aus Gründen der Rechenzeitersparnis wird in dieser Arbeit, mit Ausnahme der Messabgleiche, das Einfachmodell verwendet.

(a) Vollmodell   (b) Einfachmodell

Abbildung A2.1: Vergleich der Kupferverlustmodelle

Tabelle A2.1: Vergleich vollständiges Maschinenmodell - Einfach-Nutmodell hinsichtlich der Kupferverlustberechnung

	Vollmodell	Einfachmodell	Abweichung
	$P_{V,Cu,Ph,aktiv}$	$P_{V,Cu,Ph,aktiv}$	Δ
Betriebspunkt	in W	in W	in %
A	556,9	513,8	-7,7
B	388,9	378,8	-2,6

A.3 Herstellung der spezifizierten Drahtlagen

Um die gewünschte Drahtlage zu realisieren, werden die Wicklungen in den Mustern per Hand gefertigt. Hierbei werden die sieben parallelen Drähte eines Zweiges jeweils mit einem kleinen Klebeband fixiert (siehe Abb. A3.1). Im Fall der schlechten Drahtlage zum Beispiel alle sieben parallelen Drähte jeweils übereinander. Um bis zum Schluss eine klare Zuordnung der einzelnen Drähte zu gewährleisten, werden diese zu Beginn beschriftet (Buchstaben A-G für die sieben parallelen Drähte - siehe Abb. A3.2). Im nächsten Schritt werden die einzelnen Spulen hergestellt (siehe Abb. A3.3) und anschließend in den Stator eingelegt. Hierbei wird darauf geachtet, die Drähte entsprechend der Zielvorstellung zu platzieren. Abb. A3.4 zeigt beispielhaft einen Teilausschnitt eines fertiggestellten Stators.

Abbildung A3.1: Fixierung der sieben parallelen Drähte mittels kleiner Klebestreifen unter Berücksichtigung der Lage der parallelen Drähte zueinander.

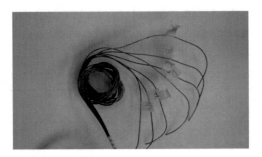

Abbildung A3.2: Nummerierung der sieben parallelen Drähte mit den Buchstaben A-G

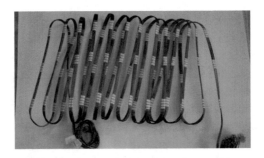

Abbildung A3.3: Vorbereitung der einzelnen Spulen

Abbildung A3.4: Teilausschnitt des fertiggestellten Stators mit der schlechten Drahtlage

A.4 Parameterstudie zur lokalen Verlustübergabe

Um die benötigte Anzahl an radialen Schichten zur genauen Kupferverlustübergabe in die thermische Domäne zu ermitteln wird eine kleine Parameterstudie durchgeführt. Hierbei wird die Anzahl an Schichten zwischen 4, 10, 20 und 40 variiert und gegenüber der Referenz-FEM-Lösung verglichen. Zur Beurteilung wird die Messstelle 3 (MS3) herangezogen. Abbildung A4.1 zeigt die resultierenden Temperaturverläufe.

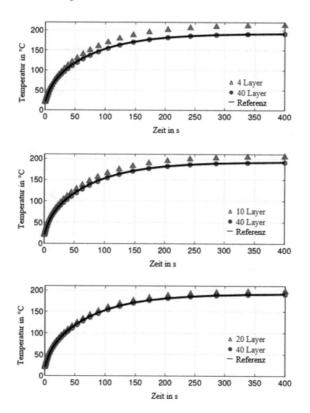

Abbildung A4.1: Parameterstudie zur benötigten Anzahl radialer Schichten. Oben 4, Mitte 10, unten 20 Schichten im Vergleich zu 40 Schichten und der FEM-Referenzlösung.

A.5 Verwendete Magnetisierungskennlinie

Abb. A5.1 stellt die gemessene B-H-Kennlinie in logarithmischer Darstellung dar. Um die gezeigte Kurve in der verwendeten FEM Software verwenden zu können, sind leichte Anpassungen nötig. Zur Vermeidung identischer μ_r - Werte bei unterschiedlichen magnetischen Feldstärken H wird μ_r in Richtung $H \to 0$ minimal steigend gewählt. Dies hat auf das spätere Simulationsergebnis geringen Einfluss. Zudem wird μ_r für $H \to \infty$ gemäß [102] so fortgesetzt, dass sich $\mu_r = 1$ ergibt.

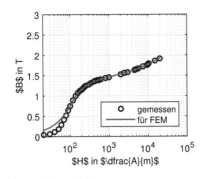

(a) B-H-Kennlinie

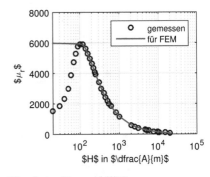

(b) relative Permeabilität

Abbildung A5.1: B-H-Kennlinie und relative Permeabilität des verwendeten Elektroblechs (ISOVAC330-35A HF)

A.6 Einfluss des Schneidspalts

In einer Vorabuntersuchung wird der Schneidspalt e der Schlagschere verändert, um dessen Einfluss auf die resultierenden Verluste zu bestimmen. Hierbei stellt Abb. A6.1 die Schnittbilder für die vier verschiedenen Spaltmaße dar. Tabelle A6.1 zeigt dazu die gemessenen Eisenverluste bei 50 Hz und 1,0 bzw. 1,5 T. Wie zu erkennen ist, hat der Schneidspalt bei der gezeigten Messung keinen nennenswerten Einfluss auf die resultierenden Verluste.

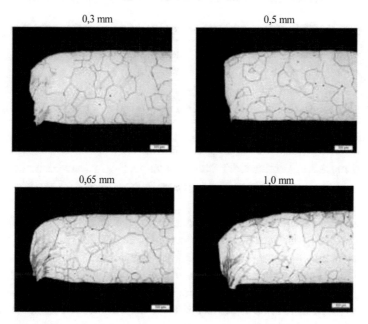

Abbildung A6.1: Darstellung des resultierenden Randbereichs bei verschiedenen Schneidspaltmaßen

Tabelle A6.1: Einfluss des Schneidspalts e der Schlagschere auf die Verluste

Verluste \ Schneidspalt e	0,3 mm	0,5 mm	0,65 mm	1,0 mm
$p_{V,Fe}$ @ 1 T in $\frac{W}{kg}$	1,259	1,221	1,259	1,255
$p_{V,Fe}$ @ 1,5 T in $\frac{W}{kg}$	3,086	3,024	3,085	3,077

A.7 Schnittbilder der verschiedenen Messergüten

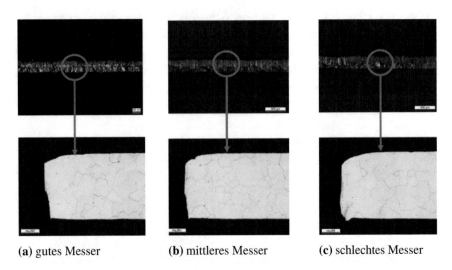

(a) gutes Messer   (b) mittleres Messer   (c) schlechtes Messer

Abbildung A7.1: Vergleich der Schnittbilder nach dem Schneiden mit verschiedenen Messergüten

Anhand der verschiedenen Scherengüten wird die unterschiedliche Qualität
bzw. Abnutzung der Stanzwerkzeuge simuliert. Gemäß [91] ergibt sich für die
Stanzkante eine typische Grathöhe bei normalen Anforderungen von $h_{G,typ} =
0,1 \cdot d_{Blech}$. Die maximale Grathöhe wird mit $h_{G,max} = 0,2 \cdot d_{Blech}$ beziffert. Je
nach Spezifikation sind kleinere Werte möglich. Hinsichtlich der hohen Frequenzen in Maschinen für Elektro- und Hybridfahrzeuge lässt sich eine verringerte maximale Grathöhe von $h_{G,max} \approx 0,1 \cdot d_{Blech}$ vermuten. Bei Auswertung
von Abb. A7.1b ergibt sich für die mittlere Schere eine Grathöhe von ungefähr
$h_{G,mittel} \approx 0,1 \cdot d_{Blech}$. Die gezeigten Überlegungen zeigen, dass die mittlere
Schere somit einen guten Mittelwert für die Qualität des Stanzwerkzeugs darstellt.

A.8 Vorstellung PSM B

Es handelt sich hierbei um eine permanentmagneterregte Synchronmaschine, welche nur in Hybridfahrzeugen eingesetzt wird. Sie ist zwischen Verbrennungsmotor und Getriebe verbaut. Abbildung A8.1 zeigt die komplette Maschine und den dazugehörigen Blechschnitt. Die Maschine besitzt eine Wasser-

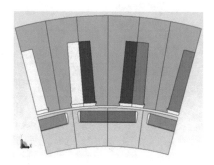

(a) Gesamte Maschine (hier geschrägt dargestellt)

(b) Blechschnitt-Ausschnitt

Abbildung A8.1: Untersuchtes Maschinenmuster

kühlung am Statoraußendurchmesser. Sie liefert ein Maximaldrehmoment von über 325 Nm und kann bis zu einer Maximaldrehzahl von 7000 $\frac{U}{min}$ ($f_{max} = 1400Hz$) betrieben werden. Tabelle A8.1 gibt eine Übersicht über wesentliche Maschinendaten.

A.9 Vorstellung PSM C

Hier handelt es sich um eine permanentmagneterregte Synchronmaschine mit acht Polen. Abb. A9.1 zeigt den Blechschnitt. Aus Geheimhaltungsgründen wird der Rotor nur vereinfacht dargestellt. Ähnlich zur bisherigen Maschine (PSM A) besteht jeder Pol aus 2 Magneten. Tabelle A9.1 zeigt zusammenfassend die wichtigsten Daten der Maschine.

Tabelle A8.1: Maschinendaten der untersuchten PSM B

Geometrie:		Wicklung:	
Außendurchm.	300 mm	Art	- Einzelzahn
Eisenlänge	55 mm		- $q = 0,5$
Luftspalt	0,7 mm	Phasenzahl	3
Nutzahl	36	Parallele Zweige	12
Polpaarzahl	12	Spulen in Serie	1
Schrägung (γ)	nein	Windungszahl je Spule	90
Material:		Parallele Drähte	1
Blech	M330 - 35A	Drahtdurchmesser d	0,95 mm
Wicklung	Kupfer	Verschaltung	Dreieck
Magnete	NdFeB		

Abbildung A9.1: Blechschnitt der PSM C (Rotor aus Geheimhaltungsgründen nur vereinfacht dargestellt)

Tabelle A9.1: Maschinendaten der PSM C

Außendurchmesser	162 mm	Polpaarzahl	4
Wellendurchmesser	34 mm	Max. Drehzahl	$18000 \frac{U}{min}$
Eisenlänge	94 mm	f_{max}	1200 Hz
Nutzahl	48	Max. Phasenstrom	450 A_{eff}
Lochzahl	2	DC Spannung	360 V
Anzahl Phasen	3	Max. Drehmoment	146 Nm

Printed in the United States
By Bookmasters